Allgemeiner Leitfaden

zur Bearbeitung

der Karten, Register, Separationspläne und Special-Eintheilungen

für

Feldmesser.

Nebst einer Karte, zwei Tabellen und dem Schema zu einem Bonitirungs-Register.

Berlin 1821.
Bei Georg Reimer.

Einleitung.

Es ist einleuchtend, wie sehr wünschenswerth es wäre, wenn die gleichartigen Arbeiten der Feldmesser, welche sowohl früher, als auch jetzt noch, auf eine so sehr verschiedene, ihren Zweck bald mehr oder minder verfehlende Art, bearbeitet wurden, endlich in eine allgemeine äußere Form gebracht werden könnten, welche allen denen in ökonomischen Geschäften arbeitenden, und vorzüglich denen bey den Königlichen General-Commissionen beschäftigten Conducteuren zur Norm dienen könnte.

Nur gar zu oft sieht man Karten, Register nnd andre ökonomisch-geometrische Arbeiten, in denen selbst der routinirte Feldmesser sich im ersten Augenblick nicht zu finden weiß, und wo ihm das Orientiren auf der Karte, durch weites Auseinanderstehen der laufenden Nummern und Lettern, durch zu schwach aufgetragene, fast gleichartige Farben, u. s. w. äußerst schwierig gemacht wird.

Eine solche Karte kömmt nicht nur in die Hände des Feldmessers, sondern auch andre Personen, als der Gutsbesitzer der Feldmark, der Special-Commissarius, und endlich die Behörde selbst, unter deren Leitung die Regulierung, Separation, oder überhäupt das auf der Karte bearbeitete Geschäft geschehen ist, erhalten diese Karte zur Bearbeitung und Durchsicht, und man wird leicht einsehen, wie durch die zu leichte und zu wenig planmäßige Ausarbeitung derselben ein nicht geringer Zeitaufwand in dem Geschäfte hervorgebracht wird, und wie sehr das Ganze dadurch aufgehalten werden muß.

Eine gleiche Bewandniß hat es mit Anfertigung der Register, Separationspläne u. s. w. Selten findet man unter den Ersteren solche, die zu gleicher Zeit Zweckmäßigkeit, Ordnung und eine gehörige Folge so verbinden, daß aus denselben die nachherigen Arbeiten, als Regulierung und Separation mit Leichtigkeit, und ohne vieles Rechnen und weitläuftiges Umschreiben, angefertigt werden können; und man möchte fast diese wenigen, im Gegensatz der andern oft ganz zweckwidrigen Arbeiten, deren Zahl Legion ist, als Ausnahmen betrachten, und dieselben als Beispiele und Normen zur allgemeinen Nachahmung aufstellen.

Aus allem diesem geht hervor, wie sehr gut, und fast höchst nöthig es wäre, wenn sowohl für Zeichnung, Illuminirung und Litterirung der Karten (nebst Auftragung der Bonitirung), als auch für Bearbeitung der Classifikations-Register (mit Berücksichtigung aller nur möglichen auf einer Feldmark vorkommenden Gegenstände), so wie für Anfertigung der Separations-Pläne (in so weit letztere des Condukteurs Sache ist u. s. w.), eine allgemeine, und zwar wo möglich die zweckmäßigste Form aufgestellt würde, nach welcher sowohl der angehende, noch nicht genug erfahrene, als auch der ältere routinirte Arbeiter, Ersterer zu seiner eigenen Erleichterung und Belehrung, und Beide zum allgemeinen Besten, sich richten, und dieß als Leitfaden benutzen könnten.

Der Hauptzweck dieses Werkes geht nun dahinaus, einen Versuch dieser Art zu wagen; jedoch konnte ich mir nicht versagen, bei Herausgabe desselben, noch einen andern Zweck vor Augen zu haben, von welchem ich mir schmeichle, daß auch er vielleicht einigermaßen Nutzen stiften wird.

Ich wünsche nämlich dem angehenden Feldmesser, welcher, obgleich er oftmals ein recht guter Theoretiker ist, dennoch sehr oft, wenn er nicht geraume Zeit bey einem praktischen Arbeiter gewesen, wenig oder gar keine praktischen Kenntnisse besitzt, hiermit soviel als möglich, sowohl in den Arbeiten auf dem Felde, als in der Stube an die Hand zu gehen, und habe zu dem Ende die mir durch eigene Erfahrung bekannt gewordenen Regeln und Vortheile in den verschiedenen Theilen des Feldmesserfachs hierbei erwähnt, welche der schon geübtere Arbeiter, dem es nur um die hierin gemachten Vorschläge, rücksichtlich der gleichen Form gleichartiger Arbeiten zu thun ist, überschlagen kann.

Es scheint im ersten Augenblick, als ob es überflüssig wäre, noch mehr Werke der Art zu liefern, und ich glaube gewiß, daß mir mancher entgegensetzen wird: daß wir in Betreff der Vorschriften für Anfertigung der Karten an denen von Bieberstein, Lehmann und mehreren andern herausgegebenen Werken genug haben, und daß wir in Tobias Meyer's Practischer Geometrie gewiß dieselben und bey weitem mehr Lehren und Regeln finden werden, als dieses Werk enthält. —

Gegen das Erstere erwiedre ich, daß diese Lehrbücher größtentheils nur für militärische und topographische Vermessungen gelten, auch so manches darin nicht mehr recht zu der jetzigen Methode, und insbesondere nicht für ökonomische Vermessungen paßt; gegen das Zweite: daß es dem Anfänger willkommner sein muß, ein kleines Heft, welches gerade nur für seinen Wirkungskreis geschrieben ist, zu besitzen, als erst aus vier starken Bänden das herauszusuchen, was er gerade gegenwärtig braucht — und vielleicht nicht einmal darin findet.

Auf der andern Seite glaube ich jedoch überzeugt zu sein, daß die Mehrzahl der praktischen Arbeiter im Feldmesserfach es längst gewünscht, daß endlich in dieser Beziehung eine möglichst allgemeine Uebereinstimmung in der Form der zu liefernden Arbeiten statt finden möchte, und ich bin daher, lebhaft von dem Wunsche durchdrungen, diesem Zweck soviel als möglich nahe zu kommen, dieses Werk, welches weder ein Lehrbuch der ökonomischen, noch der topographischen Vermessungskunde sein soll, herauszugeben bewogen worden.

Im Januar 1821.

Johannes Müller,
Regierungs = Condukteur.

I. Ueber die Vermessung.

§. 1. Wenn dem Feldmesser, sei es von einer Behörde, oder privatim, eine Vermessung übertragen worden ist, so verwende er den ersten Tag seiner Ankunft dazu, sich von den daselbst obwaltenden Verhältnissen näher unterrichten zu lassen; und es ist gut, wenn er z. B. sich schriftlich notirt:

Wie viel Gutsherrschaften (wenn deren mehrere sind), wie viel Eigenthümer, Bauern, Halbbauern, Kossäthen u. s. w.,

ob Pfarr-, Kirchen-, Mühlen-, Vorwerks-, Erbpachts-Ländereien u. s. w. in dem Dorfe sind, oder mit interessiren.

Sind hierunter solche Personen (als Pächter z. B.), von welchen er nicht beurtheilen kann, ob sie das Eigenthum erlangen, oder nicht, so muß er auch diese speziell mit aufführen, und die Pertinenzien derselben nicht etwa zum Gute schlagen; es sei denn, daß ihn der Commissarius hierüber schon anderweitig instruirt habe.

§. 2. Sodann schreitet man dazu, wegen Stellung der Arbeitsleute, so wie auch hinsichtlich der übrigen, nicht hierher gehörigen Artikel, mit den Interessenten schriftlich zu contrahiren. Es fördert die Arbeit am schnellsten, wenn man:

1) Zwei Mann zum Ziehen der Kette (und zwar wo möglich für die ganze Dauer des Geschäftes),
2) Einen zum Tragen eines Sackes mit Pfählen nebst Beil,
3) Einen zum Tragen einer möglichst langen, geraden, oben mit Stroh umwickelten Stange (oder sogenannten Wiepens),
4) Einen der ältesten und grenzkundigsten Männer des Dorfes, welcher soviel als möglich auf der Feldmark Bescheid weiß, und dem Condukteur über alles Zweifelhafte Auskunft geben kann, zum beständigen Tragen des Instrumentes,

zu seiner Disposition erhalten kann.

§. 3. Hat sich der Condukteur auf diese Art von allem gehörig unterrichtet, und auf das Geschäft vorbereitet, so läßt er sich von einem der verständigsten Männer des Orts die ungefähre Größe, Gestalt, Extension in die Länge und Breite, und Lage der Feldmark gegen den Meridian, so gut als möglich beschreiben, nur allein deßhalb — um sein Papier darnach einzurichten; denn es ist einleuchtend, wie äußerst unangenehm es sein muß, wenn man, ohne sich vorher um die ungefähre Gestalt der Feldmark zu bekümmern, auf ein viereckiges Stück Papier mit dem Auftragen anfängt und nachher beim ferneren Arbeiten bemerkt, wie sehr die Feldmark von einer regulären Gestalt abweicht, und wie viel Papier man auf der einen Seite wieder abschneiden muß, während man vielleicht auf zwei, drei andern Ecken eben so viel anzukleben genöthigt ist.

§ 4. Zur Anfertigung der Brouillon-Karte muß man sich eines möglichst starken Papieres bedienen, wenn man nicht auf Leinwand (oder Kattun) gezogenes, dazu wählt.

Letzteres hat zwar den Vorzug einer größeren Dauerhaftigkeit, allein es sollen auch die auf Leinwand geklebten Karten von selbst so stark einlaufen, daß man sich bei denselben gar keines messingenen Maßstabes mehr bedienen darf. Es muß daher der Maßstab einer solchen Karte mit ganz vorzüglicher Genauigkeit, und zwar in der Mitte des Geschäftes auf die Karte gezeichnet, und nur bei fernerer Bearbeitung der Karte, vorzüglich bei Messung von Längen über 30 — 40 Ruthen gebraucht werden.

§. 5. Die Auftragung der Nordlinien geschieht am bequemsten, wenn man auf die unterste, sehr genaue gerade Nordlinie, zwei oder drei Normalen (Perpendikel) auf beiden Seiten, und nöthigenfalls noch in der Mitte des Papieres construirt, nnd auf diese Normalen von der untersten Nordlinie an, in gleichweiten Entfernungen von 50 — 80 Ruthen mit dem Zirkel Punkte absticht, durch welche man sogleich die Magnetlinien mit Zinnober oder Karmin, mittelst eines richtigen Lineales auszieht.

§. 6. Hierauf wird mit der wirklichen Vermessung der Anfang gemacht; und zwar wohl am füglichsten, indem man mit Messung eines Weges am Dorfe anfängt, diesen Weg bis an die Grenze verfolgt, dann die Grenzcontur bis an den nächsten Weg zieht, und so durch letzteren sich mit dem ersten Punkte wieder in Verbindung setzt. Diese eingeschlossene Fläche arbeitet man nun speziell aus, und schreitet sodann im Geschäfte weiter, wo sich dann, auch selbst dem ungeübten Arbeiter, die Folge der übrigen Arbeiten leicht von selbst ergiebt.

§. 7. Bei Messung von Wegen, Grenzen, und überhaupt bei Messung jeder Stationsreihe gilt die allgemeine Regel, daß man alles, was in der Nähe liegt (als z. B. kleine Brüche, Wiesenflecke, Mergelgruben u. s. w.), wo man vorhersieht, daß man nicht mehr hinkommen wird, sogleich mit aufnehme, und sich dieß nicht etwa, um nur die Messung der vorhabenden Stationsreihe desto schneller zu beenden, für ein andermal verspare.

§. 8. Stoßen jedoch größere aufzunehmende Flächen, welche im Vorbeigehen nicht so schnell aufzunehmen sind, an die Stationsreihen, mit deren Messung man eben beschäftigt ist, so wäre es allerdings zweckwidrig, dieselben sogleich aufnehmen zu wollen; indessen kann man sich dadurch wenigstens einen Vortheil verschaffen, daß man da, wo es zweckmäßig ist, einen Pfahl in die Linie setzt, welchen man sich im Manual notiren muß, und von welchem aus man in der Folge die Aufnahme gedachter Fläche bequem anfangen kann. Man erspart hierdurch die Messung eines Winkels und einer Linie, überhaupt ist die Regel: so viel und so zweckmäßig als möglich Zwischen-Stations-Pfähle in die Linien zu setzen, nicht genug zu empfehlen.

§. 9. Ein beim Messen vorzüglich bequemes Hülfsmittel, besonders lange Stationslinien zu schlagen, ist das Einrichten innerhalb einer Linie (oder zwischen zwei sichtbaren Punkten).

Es muß dieß jederzeit von zwei Personen geschehen, und zwar: indem sich beide zwischen gedachte Punkte stellen und sich so lange wechselsweise einrichten, bis beide sich in gerader Linie mit den beiden Punkten befinden.

Auf diese Art lassen sich oft sehr lange Linien, und daher sehr weite Stationen, welche immer vortheilhaft und zeitkürzend sind, abstecken.

§. 10. Was die Aufnahme der Wege anbetrifft, so ist es am besten, wenn man alle Wege und Straßen, welche nicht mit Graben versehen sind, dergestalt aufnimmt, daß man nur eine Seite des Weges vermißt, und die andere in einer Breite von respektive 1, 2 — 3 Ruthen, auf die Karte zeichnet.

Ausnahmen von dieser Regel, finden zwar, wie überall auch hier statt, indessen wird jeder denkende Kopf dieß zu beurtheilen, und sich in dieser Beziehung jederzeit zu helfen wissen. —

Diejenigen Wege und Triften hingegen, welche auf beiden Seiten mit Graben versehen sind, müssen, als Fläche betrachtet, zu beiden Seiten aufgenommen und so auf die Karte gezeichnet werden.

§. 11. Bei der Aufnahme von Graben, sowohl trocknen als nassen, muß man sich vorsehen, dieselben nicht zu schmal zu zeichnen; denn gewöhnlich läßt man bei denen durch den Acker laufenden Graben, das Ufer zu beiden Seiten, oder den sogenannten Grabenbord, außer Betracht, welcher jedoch als unbrauchbar, mit zu dem Graben gerechnet werden muß.

Bei den in Wiesen und Weide befindlichen Graben hingegen, ist es nur nöthig, den eigentlichen Graben, ohne die beiden Ufer zu berücksichtigen, indem letztere, in diesem Falle, eben so gut genutzt werden können, als die übrige Fläche.

§. 12. Was die in der Heide liegenden Ackerstücke betrifft, welche sich entweder mitten in anderm urbaren Acker, oder auch, wenn es schlechtes und entlegenes Land ist, im Zusammenhange oft als große unübersehbare Heideflächen, in den bergigten und coupirten Gegenden Pommerns vorfinden, so muß man diese unter dem Namen: Heidacker begriffene, jetzt zwar unbebaute und nur als Weide genutzte Flächen, nie mit der sogenannten Heidehütung verwechseln; welche letztere stets gemeinschaftliche Hütung, erstere jedoch jederzeit private Besitzung, und zwar desjenigen ist, in dessen Acker sie sich vorfindet.

Aus diesem Gesichtspunkte betrachtet, geht leicht hervor, daß es durchaus fehlerhaft ist, Heide im Acker liegend, anders als Acker zu betrachten. Welche Klasse desselben sie hingegen ist, oder ob sie, vielleicht kaum das zweite Korn tragend, gar nicht Acker, sondern im letzteren

Falle natürlich Weide ist, dieß ist Sache der Bonitirung und kann den Feldmesser nicht berühren.

Es gehört mit zum Zwecke der Regulierungen und Separationen, die großen Flächen unkultivirtes Land, aus ihrem nichts-hervorbringenden Zustande hervorzurufen und sie durch Anbau in Cultur zu setzen, und es ist Pflicht eines jeden bei diesen Geschäften angestellten Arbeiters, diesem Zwecke so viel als möglich nahe zu kommen, und nicht von falschen Ansichten geleitet, denselben wohl gar zu vernachlässigen.

Nur zu oft habe ich bemerkt, wie Conducteure in ihren Karten und Registern, alle im Acker liegende Heide als Hütung aufführen, welche dann natürlicherweise von den Boniteurs als Weide bonitirt und von dem Commissarius in der Anlage des Plans als solche angenommen, und den Interessenten angewiesen wird.

Der Fall, wo die Gutsherrschaft auf die in der Heide liegenden Ackerstücke der Bauern Ansprüche zu machen, berechtigt zu sein glaubt, gehört nicht hierher; es ist dieß Sache des Commissarius, und kann die Vermessung durchaus nichts angehen.

Auch wird der Feldmesser solche Heide, welche durchaus und offenbar zur Bestellung untauglich ist, indem sie entweder am Abhange eines sehr steilen Berges befindlich, oder mit großen Steinen, oder kleinem Gesträuche übersäet ist u. s. w., nicht mit obgedachter verwechseln, diese ist natürlicherweise weiter nichts als im Acker liegende Hütung.

§. 15. Hinsichtlich der Fehler, welche sich zuweilen bei einer Vermessung einschleichen, und deren Auffindung für den Feldmesser oft äußerst mühsam und zeitraubend ist, will ich nur so viel bemerken, daß sie vorzüglich dem Anfänger vorkommen, und bei demselben wegen zu weniger Routine, gewöhnlich aus Mangel an Aufmerksamkeit entstehen.

Selten entsteht ein Fehler in der Vermessung durch falsches Notiren, oder Abnehmen des Winkels, vorzüglich, wenn man (bei der Boussole) die kleine Mühe nicht scheut, beide Winkel, sowohl an der Nord- als Süd-Spitze der Nadel zu notiren, sondern die meisten Fehler entstehen bei Messung der Linien, und zwar gemeinhin dadurch, daß die Arbeitsleute die zum Messen nöthigen kleinen Marquirpfähle, deren gewöhnlich zehn sind, unrichtig, und zwar anstätt alle 10 nur neun wechseln, indem sie sich hierdurch eine Mühe zu ersparen glauben. Man muß also auf den hintern Kettenzieher die größte Aufmerksamkeit verwenden, damit er nicht etwa eine falsche Anzahl der Marquirpfähle angiebt.

Uebrigens läßt sich jederzeit leicht beurtheilen, ob bei einer, auf der Karte aufgetragenen, nicht schließenden Figur, der Fehler etwa in der Messung des Winkels liegt; indem man nur nöthig hat, die Diagonalen von jedem Eckpunkte der Figur, nach dem wahren und falschen Anfangspunkt gezogen, zu messen, und sie respektive mit einander zu vergleichen; werden zwei dieser Diagonalen, von einem und demselben Eckpunkte, die eine nach dem wahren, die andere nach dem falschen Anfangspunkt gemessen, einander gleich, so liegt der Fehler im Winkel, und zwar in dem am Eckpunkte der beiden Diagonalen; ist dieß nicht der Fall, so ist in der Messung der Linien ein Irrthum geschehen.

Den Beweis dieser Behauptung wird jeder Mathematiker leicht zu finden wissen. Sehr häufig können gleich im Anfange der Vermessung dadurch Fehler entstehen, wenn man zu lange Hauptlinien schlägt, und dieselben mittelst des Transporteurs nicht mit der Genauigkeit, welche beim Auftragen so langer Linien durchaus nöthig ist, aufträgt. Vorzüglich geschieht dieß dann, wenn der Radius des Transporteurs nicht eine schon bedeutende Größe von etwa 120 — 150 Ruthen (des 50ger Maaßstabes) hat.

Die Hauptlinien nicht mit der gehörigen Genauigkeit auftragen zu können, hat mich veranlaßt, dieselben bei mehreren von mir gemachten Vermessungen, ganz fort zu lassen, und anstatt derselben die Wege als auch gerade fortlaufende Linien zu gebrauchen.

Man wird mir zwar entgegensetzen, daß durch Summirung der kleinen Fehler bei Auftragung der kleinern Linien als Hauptlinien, am Ende der Linien dieselbe, wo nicht eine noch größere Differenz das Resultat ist; jedoch kann ich hier wohl mit Recht behaupten, daß bei den Hauptlinien der Fehler jedesmal positiv, oder sich mehrend und fortpflanzend, bei einer Anzahl kleinerer Linien im Zickzack gemessen, die Fehler jedoch bald positiv, bald negativ sein können, und sich also im Ganzen wiederum aufheben.

Auch die Erfahrung bestätigt dieß sehr oft; und ich selbst erinnere mich, einst längst dem Ufer eines sehr krumm laufenden kleinen Flusses im Zickzack 578 Ruthen, und auf der andern Seite zwischen dem Acker und den Wiesen welche der Fluß bildete, bis wieder an den Anfangspunkt 515 Ruthen gemessen zu haben, und fand beim Auftragen nach dem 40ger Maßstabe, daß die Differenz nicht mehr als 6 Fuß betrug.

§. 14. Hierbei will ich noch bemerken, daß es gut, und vorzüglich dem Anfänger sehr zu rathen sei, die gemessenen Figuren täglich aufzutragen und nicht, wie viele zu thun gewohnt sind, 6 Tage messen, und den siebenten auftragen; es geht dieß gar gut an, indem man entweder von des Morgens ganz früh bis Mittag arbeitet, sodann aufträgt, und Nachmittags noch einige Stunden aufs Feld geht, oder sich den Tag über auf dem Felde beschäftigt, und des Morgens aufträgt.

Auch ist nicht genug anzurathen, so oft als möglich Corrections-Linien, oder Winkel zu messen, um sicher überzeugt zu sein, daß sich keine Fehler eingeschlichen haben.

§. 15. Beigehend will ich noch erinnern, wie es durchaus, wenn die Vermessung richtig werden soll, nothwendige Bedingung ist, die Kette (bei täglichem Gebrauche) wenigstens alle 14 Tage nachzusehen und nöthigenfalls rektifiziren zu lassen.

Zu dem Ende kann man sich auf einer hölzernen Latte mit der gehörigen Genauigkeit fünf Dezimalzoll abtragen, und die, behufs der Rektifizierung auf einer Ebene befestigte, und mäßig angezogene Kette, so genau als möglich damit vergleichen; ist dieselbe zu lang, so darf man nur eine oder zwei Schaaken herausnehmen, und diese so lange verkürzen lassen, bis die Kette die richtige Länge erhält.

§. 16. Da nach Verlauf von mehreren Jahren noch etwas auf der Karte bearbeitet werden muß, wozu die Magnetlinie nöthig ist; zu welchem Geschäfte jedoch die auf der Karte befindlichen Nordlinien nicht mehr gebraucht werden können, indem, wie bekannt die Richtung der Magnetnadel sich nach noch unbekannten Gesetzen oft schnell und bedeutend verändert, so will ich hiermit ein Mittel an die Hand geben, wie man ohne viele Weitläuftigkeiten diesem Uebel, welches mit zu den Unvollkommenheiten der Boussole gehört, abhelfen kann: Man visire in einer sternhellen Nacht mit der Boussole nach dem Polarsterne (cynosura), (es ist dieß der letzte Stern im Schwanz des kleinen Bären, welcher letztere in umgekehrter Richtung über dem bekannten Sternbilde des großen Bären, oder des sogenannten Himmelswagens, steht) und zwar muß dieß des Nachts um 12 Uhr, wegen Culmination dieses Sterns, welche zwar nur gering, indeß doch nicht ganz ohne Einfluß sein könnte, geschehen.

Da dieß jedoch, wegen zu großer Polhöhe unserer Gegenden, und indem die Boussole nicht so hohe Dioptern hat, nicht geradezu geschehen kann, so nehme man eine hohe gerade Stange, setze dieselbe, mittelst eines Bleilothes, senkrecht und fest auf einen beliebigen Punkt der Feldmark in die Erde, und gehe so weit als möglich zurück, um sich, indem man sich bückt, oder noch besser, ganz auf den Rücken legt, mit dem obern Theile der Stange und dem Polarsterne einzurichten. Genau senkrecht über diesen gefundenen Punkt setze man sodann das Instrument und visire nach der Stange, nehme mittelst einer Laterne den Grad ab, und trage diese Linie als richtige und sich immer gleichbleibende Nordlinie unter dem abgenommenen Grade auf die Karte, und man hat auf diese Art eine Linie auf derselben, welche jederzeit (zwar nicht ohne alle Umstände) wiedergefunden, und nach welcher die jedesmalige Magnetlinie aufgetragen werden kann.

Nicht zu läugnen ist es, daß diese Methode eine feste Linie auf die Karte zu bringen, zweien nicht geringen Einwürfen unterworfen ist; erstens: die Schwierigkeit der richtigen und genauen Visierung nach dem Polarsterne, welche allerdings nicht unbedeutend, indeß doch für denjenigen, welcher sich zu helfen weiß, nicht unübersteigbar ist. Der zweite mehr gegründete, und nicht so leicht zu beseitigende Einwurf ist der: daß man, wenn wirklich diese Nordlinie auch mit der größten Genauigkeit auf die Karte gezeichnet worden ist, doch nicht bei nebelichtem Wetter und bei einem mit Wolken umzogenen Himmel, wegen Nichtsichtbarkeit des Polarsterns die neue Magnetlinie wieder auffinden kann.

Allerdings ist dieß sehr wahr, und um so übeler, da dem leider durch kein Mittel abzuhelfen ist, daher will ich hiermit eine zweite Methode vorschlagen, welche zwar nicht die wahre Meridianlinie, indeß doch eine andere zu diesem Behufe taugliche feste Linie giebt.

Man lasse in einer Entfernung von etwa 2 — 300 Ruthen zwei starke Pflöcke, den einen an diesem, den andern an jenem Eckpunkte der Linie so einschlagen, daß man von dem einen den andern bequem sehen kann, bringe diese beiden festen Punkte durch Aufnahme, z. B.

durch Boussolen = Schnitte von zwei andern festen Punkten, auf die Karte, nehme den Grad dieser Linie zwischen beiden gedachten Pflöcken ab, und notire denselben auf die Karte, mit dem Bemerken, daß dieß zwei feste Punkte sind, wonach die jedesmalige Magnetlinie gefunden werden kann.

Die Pflöcke müssen natürlich marquirt, und so eingerammt werden, daß sie nicht so leicht auszuziehen sind.

§. 17. Ueber die Führung des Manuals will ich nur so viel bemerken, daß man sich bei derselben der größten Ordnung und Deutlichkeit befleißigen muß, indem hiervon gar sehr viel, sowohl beim schnellen Messen auf dem Felde, als auch beim richtigen und bequemen Auftragen auf die Karte, abhängt. Man kann zum Manual selbst ein in Leder gebundenes, *mit steifen Deckeln* versehenes Buch in Quartformat wählen, welches dieselben Dienste als ein Pergamentblatt thut, und den Vortheil hat, daß man sich bei demselben das Ausreiben des Bleies ersparen kann.

Es ist sehr gut, wenn man sich für die verschiedenen aufzunehmenden Gegenstände, besondere Zeichen wählt; und diese statt des Namens der Sache im Manuale notirt. So kann man z. B. für hohe Hütung das Zeichen (hh.), für Brücher, Sümpfe und überhaupt für niedere Hütung (nh.), für Wiese (Ws.), für Fichten (^) u. s. w. wählen, und sich auf diese Art oft mit einem sehr geringen Raume behelfen.

Auch muß man im Manual alle Stationspfähle mit laufenden Nummern bezeichnen, und die Winkel nicht daneben in der Figur, sondern auf einer besondern Seite notiren.

Wer im freien Handzeichnen geübt ist, wird sehr schnell in deutliches und verständiges Manual zu führen lernen.

II. Ueber die Bonitirung.

§. 18. Wird ein Feldmesser von einem Commissarius oder einer Behörde als Geometer zu einer Bonitirung adhibirt, so sei es, wenn er selbst nicht die Feldmark vermessen, und vorzüglich wenn es eine alte Karte ist, sein erstes Geschäft, dieselbe durch mehrere zu schlagende gerade Linien oder sonst auf eine beliebige Weise zu revidiren.

Ist dieß geschehen und die Karte für richtig befunden, so zeichne man sich sämmtliche Ackerstücke auf der Karte, wenn sie nicht zu coupirt ist, ins Manual, indem dieß auf dem Felde die bequemste und vorzüglich die die Karten am meisten conservirende Methode ist, die Bonitirung schnell zu fördern.

Es ist dieß freilich eine sehr mühsame und langweilige Arbeit; vorzüglich dann, wenn die Karte sehr durchschnitten ist, indessen ist es im letzteren Falle auch nicht unumgänglich nöthig; indem dann die Brücher u. s. w. schon sehr viel feste Punkte darbieten, und die Messung mit der Kette größtentheils unnöthig machen.

Im entgegengesetzten Falle hingegen, wo die Feldmark einfach, und es vorauszusehen ist, daß mit der Kette viel gemessen werden muß, ist es sehr gut, und bei Auszeichnung der Karte wenig zeitraubend, wenn man obige Methode beobachtet.

§. 19. Auf dem Felde lasse man die Kette immer zwischen 4, 6, oder 8 Ackerstücken (je nachdem sie breit sind), während man von einem festen Punkt anfängt, in der Fahre laufen und man hat hierdurch die Bequemlichkeit, daß man sogleich, wenn die Boniteurs einen Abschnitt machen lassen, den Punkt hat, bei welchem dieß geschehen soll, ohne erst nöthig zu haben, von einem vielleicht entfernten Punkte her, messen zu lassen.

§. 20. Es versteht sich von selbst, daß alle seit der Zeit der Vermessung auf der Feldmark geschehene Veränderungen aufgenommen und auf die Karte gezeichnet werden müssen.

Dahin gehören vorzüglich Radungen, Verlegung der Wege, neue Anbauungen, Verwandlung der Brücher in Wiesen, oder umgekehrt u. s. w.

Am schwierigsten ist die Bonitirung großer Hütungsflächen und Waldreviere, und man ist hier, aus Mangel an festen Punkten, oft genöthigt, seine Zuflucht zum Winkelinstrument zu nehmen, wozu sich vorzüglich die Boussole eignet.

III. Ueber Anfertigung der Karten.

§. 21. Der Hauptzweck dieses Werkes ist, wie auch schon näher in der Einleitung gesagt worden, durch die hierin geschehenen Vorschläge die möglichste Gleichheit in den Arbeiten der Feldmesser hervorzubringen, und es ist die Anfertigung der Karten eine Arbeit, bei welcher dieß, durch deren Illuminirung, und Zeichnung der auf derselben vorkommenden Gegenstände füglich geschehen kann.

§. 22. Was die Beleuchtung anbetrifft, so ist es zwar der Natur der Sache angemessen, wenn dieselbe (da man eine Karte jederzeit in der Vogelperspektive sieht), wie Lehmann es vorgeschlagen, von oben geschieht, indeß giebt dieß der Karte in mancher Beziehung zu wenig Deutlichkeit. So kann man z. B. auf diese Weise die Wege, Seeen, Graben u. s. w. nicht mit Schattenlinien versehen, und ist genöthigt, die Bäume im Grundriß, und nicht, wie es einmal gebräuchlich ist, in der Perspektive zu zeichnen.

Ich würde also doch vorschlagen, die Beleuchtung nach der alten Art, d. i. auf der linken Seite des Papieres unter dem 45sten Grade einfallend, anzunehmen, so daß nach der bekannten Regel: Erhöhungen ihren Schatten unten und rechts, Vertiefungen denselben oben und links erhalten.

§. 23. In Beziehung der Stationslinien, ist es gleich, ob man diese mit einem schwachen Roth als durchbrochene Linie auszieht, oder dieselben nur in Blei auf der Karte läßt, und sie sodann vor dem Illuminiren wieder wegwischt. Jedoch muß man in jedem Falle die Stations-Punkte wenigstens mit rother Tusche zeichnen.

§. 24. Hat man die Croquirung aus dem Manual in Blei aufgetragen, und mit Tusche ausgezogen (wobei jedoch die stets zu beobachtende Regel gilt: alle auf dem Felde nicht genau bestimmte Linien, d. h. solche: welche sich entweder verändern [z. B. die Gränze eines Sees] oder selbst nicht recht deutlich zu sehen sind [als z. B. die Grenze zwischen Bruch- und Wiese] nur durch eine schwarze durchbrochene Linie zu bezeichnen), so schreitet man zur Illuminirung der Karte, und ich will hiermit alle in ökonomischen Vermessungen (in unsern Gegenden) vorkommenden Gegenstände aufführen, um so noch deren Bezeichnung durch Karaktere oder durch Farben anzugeben.

Es kommen auf einer Feldmark vor:

1) Gebäude und Hofstellen (Kirche und Kirchhof).
2) Gärten.
3) Wurthen (Wörden).
4) Acker.
5) Wiesen.
6) Hütungen.
7) Unbrauchbare Grundstücke.

§. 25. In Bezug Nr. 1): werden herrschaftliche Gebäude Carminroth, Pfarr-, Kirchen-, Mühlen-,

Krug- und Schul-Gebäude u. s. w. rothbraun, und Bauerhäuser schwarz angelegt.

Der Kirchhof wird mit einem Grün, welches sich von dem übrigen auf der Karte befindlichen auszeichnet angelegt, und mit feinen schwarz gezeichneten Kreuzen, als solcher, bezeichnet.

Die Hofstellen werden wie die Wege angelegt.

§. 26. Die Gärten werden sämmtlich, unabgesehen wem sie gehören, gleich, und mit einem gelblichen etwas dunkeln Grün angelegt.

Es ist sehr gut, und in den meisten Fällen durchaus nöthig, die etwa darin befindlichen Wiesen, Wasserpfühle u. s. w., speziell aufzunehmen und gehörig auf der Karte zu verzeichnen.

Eben so ist es oft nöthig, in den Gärten das Obst- und Grabeland durch hineinzuzeichnende Obstbäume zu unterscheiden, indem solches, im Falle des Abbaues, wo das Obstland höher als das übrige Gartenland entschädigt werden muß, in Betrachtung kommt.

§. 27. Die Wurthen oder Wörden werden carminroth, natürlicherweise nur schwach, wie dieß auch im Allgemeinen bei allen Farben gilt, angelegt.

§. 28. Was den Acker betrifft, so kann die Illuminirung desselben auf zweierlei Weise geschehen; einmal: indem man auf die Bestellungsart desselben Rücksicht nimmt, und jedes zusammengehörende Feld mit seinen Abtheilungen oder Caveln, mit einer gewissen Farbe bezeichnet; hierzu würde ich bei der Dreifelder-Withschaft: Hellgelb (Gummi gutti), Lehmgelb (Gummi gutt und Braun) und Schwarzbraun, bei der Vierfelder-Wirthschaft Hellgelb, Lehmgelb, Schwarzbraun und Rothbraun, vorschlagen.

Ein mehrjähriger Turnus, würde am besten in seiner ganzen Fläche nur durch eine Farbe, und die verschiedenen Felder desselben durch Nr. und Littr. bezeichnet werden.

Vorwerks-, Erbpachts- u. Mühlenländereien u. s. w. müssen, wenn sie schon separirt sind, mit ihrer eignen Farbe bezeichnet werden.

Die zweite Art, den Acker zu illuminiren ist: jeder besondern Ackerklasse auch ihre besondere Farbe zu geben. Es geht zwar hierbei die schnelle Uebersicht der Bestellungsart gewissermaßen verloren, indessen kann dem durch eine zweckmäßige Litterirung und Numerirung der Ackerfelder abgeholfen werden, und es gewährt diese Methode den großen Vortheil einer hinsichts der Bonitirung sehr schnellen Uebersicht.

Es ist nicht zu läugnen, daß die erste Art, die Karte nach den Ackerfeldern zu illuminiren, und die Bonitirung mit rothen Linien und Nummern aufzutragen, derselben ein schöneres Aeußere giebt, als letztere; jedoch wird auch durch letztere, bei einiger Vorsicht in der Wahl und dem Auftragen der Farben, die Karte ein recht gutes Ansehen, und vorzüglich dann bekommen, wenn man sich in Acht nimmt, die Farben nicht zu stark aufzutragen.

Ich schlage hiermit zur Bezeichnung der verschiedenen Ackerklassen; für Weizland Carmin, für Gerstland Gummi gutti, für Haferland Lehmgelb, und für Roggenland Schwarz (hellgrau) vor, und zwar so: daß die erste Classe hell, und die folgende etwas dunkler aufgetragen wird.

Beigehend will ich bemerken, daß man Gegenstände einerlei Art hinter einander weg illuminiren muß, damit der Ton der Farbe ein und desselben Gegenstandes auf der ganzen Karte sich gleich bleibt.

§. 29. Wiesen werden, es mögen Schon- oder Brachwiesen sein, mit einer schwachen Grünspanauflösung angelegt.

Die Zubereitung derselben geschieht, indem man auf ein Quentchen kristallisirten Grünspan (Aerugo crystallisatus) etwa eine Messerspitze gestoßenen Weinsteinkristallen (Tartarus depuratus) nimmt, dieß Gemisch in etwa

3—4 Loth destillirten Wasser auflöst, und die Auflösung sodann durch Löschpapier filtrirt. Man muß diese Grünspan=Auflösung jedoch zur Anlegung der Wiesen noch mit etwas Gummi gutti vermischen. —

Sind die Wiesen mit Elsbüschen bestanden, so müssen auch diese, wenn es nicht kurzes, wenige Fuß hohes Gesträuch ist, mit aufgenommen werden.

§. 30. Rohranwüchse können in der Farbe der Wiesen angelegt, und mit Karakteren, wie auf der Karte zu ersehen ist, bezeichnet werden.

§. 31. In Beziehung der Hütungs=Flächen, können diese natürlich sehr verschieden sein. Die erste Eintheilung der Weide ist in hohe, und niedere. Die hohe Weide ist entweder raum, oder bestanden; und erstere wiederum Heide=Hütung oder Rasen=(Narb=, Anger=,) Weide.

Obgleich es der Bonitirung wegen zu wünschen wäre, daß bei der Vermessung beide letztgenannten hohe Weidearten getrennt würden, so ist dieß doch nicht gut thunlich, indem die Grenze zwischen beiden sich oft so wenig marquirt, daß sie bei der Vermessung gar nicht angegeben werden kann.

Zur hohen raumen Hütung kann also: die Heidehütung, die Angerweide, die mit kurzem Gesträuch bewachsene hohe Weide und die Strandhütung gerechnet werden.

Die bestandene hohe Hütung kann ferner in zwei Theile getheilt werden; der eine Theil würde das Nadelholz, der zweite das Laubholz begreifen.

Sämmtliche hohe Weide, sie mag bestanden oder raum sein, muß daher mit ein= und derselben Farbe, und zwar mit einer Mischung aus Grünspan=Auflösung, Gummi gutti und Schwarz, angelegt werden; ist sie mit Nadelholz bestanden, so wird dieß truppweise hineingezeichnet, wenn man will, blaugrün illuminirt, und die Art desselben hineingeschrieben.

Laubholz wird ebenfalls truppweise gezeichnet, hellgrün illuminirt und gleichfalls die Art desselben, oder ob es gemischt ist, dabei bemerkt.

Die in einem Waldreviere etwa vorkommenden Brücher, Torfmoore, Elsbrüche u. s. w., müssen natürlicherweise speziell aufgenommen und auf der Karte verzeichnet werden.

§. 32. Die niedere oder Bruchhütung, ist gleichfalls entweder raum oder bestanden.

Zur erstern Art gehören Brücher und Torfmoore.

Das, nur als Weide genutzte Bruch wird hellgrün, und zwar aus einer Mischung von Grünspan-Solution und Gummi gutti bestehend, angelegt. Will man sich die Mühe geben, dasselbe mit blau oder schwarz zu schrawieren, so giebt dieß der Karte ein recht gutes Ansehen, jedoch ist es nicht geradezu nöthig.

§. 33. Torfmoore werden mit derselben Farbe angelegt, und mit brauner Pinselschrawur versehen.

§. 34. Die bewachsene niedere Hütung ist gewöhnlich mit Elsen, selten mit Birken bestanden; die Anlegung der Farbe ist dieselbe, wie bei der raumen Weide, nur ist es nöthig, sie zu schrawieren.

Elsen werden in der bekannten Form, und Birken ebenfalls mit denen auf der Karte zu ersehenden Karakteren, truppweise hineingezeichnet.

Ist ein Bruch nur mit kurzem, niedrigen Elsgesträuch bewachsen, so kann es als raum angesehen werden.

§. 35. Zu den unnutzbaren Grundstücken gehören:

1) Wege,
2) Gewässer,
3) Sandschellen, Mergelgruben u. s. w.

§. 36. Wege und Straßen werden braun angelegt und auf der gehörigen Seite mit einer Schattenlinie versehen.

Sind dieselben mit Bäumen bepflanzt, so müssen auch diese gezeichnet werden.

Uebrigens steht es einem Jeden frei, die besondern Arten von Wegen und Straßen, durch Karaktere zu unterscheiden. Es gehören dahin: Sterndämme, Krüppel- Faschinendämme u. s. w., und ich will hierbei nur so viel bemerken, daß die Unterscheidungsart derselben, mehr bei militärischen als bei ökonomischen Vermessungen wichtig ist und daher allenfalls bei letzteren fortgelassen werden kann.

Jedoch ist es nöthig, die durch Brücher und Moräste laufenden Dämme, wenn es auch nur schmale Streifen hoher Hütung sind, aufzunehmen, indem solche bei den nachherigen Spezial-Eintheilungen in Betracht kommen können.

§. 37. In Beziehung der Gewässer, werden Seeen, Teiche, Wasserpfühle u. s. w. ganz blaßblau angelegt, und in der bekannten Manier an der Schattenseite streifenweise schattirt.

Dasselbe findet bei breiten Strömen und Flüssen statt. Kleine Bäche von einigen Ruthen Breite, können etwas dunkler angelegt und mit einem oder zwei Streifen, und wie bekannt am Schattenrande mit einer dunkelblauen Schattenlinie versehen werden. Ganz kleine Bäche oder Wasserläufe, deren Breite nur etwa 2 — 3 Fuß beträgt, dürfen gar nicht mit schwarzer Tusche, sondern nur mit Blei, und bei der Illuminirung sodann mit einer dunkelblauen Feder ausgezogen werden.

§. 38. Was die Graben anbetrifft, so müssen die trocknen von den nassen unterschieden werden; erstere können in der Farbe der Sandschellen, nur so, daß sie sich von den Wegen unterscheiden, letztere natürlich blau, angelegt, und gehörig schattirt werden.

§. 39. Sandschellen kann man mit einem hellen Braungelb anlegen, und dieselben wenn sie nur klein sind, schwarz punktiren, sind sie größer, so würde diese

Arbeit zu langwierig sein, und es genügt daher, sie, unter der Bemerkung, daß es Sandschellen sind, nur mit obgedachter Farbe anzulegen.

Dasselbe gilt für die an den Meeresküsten befindlichen Sanddünen, welche gewöhnlich in einer Breite von 20 — 40 Ruthen parallel mit dem Strande fortlaufen, und bald kleine Sandhügel, bald schroff abhangende hohe Sandberge bilden. Obgleich diese Dünen mit einem Strandgewächs, (dem sogenannten Strandhafer) dicht bewachsen sind, und sich auf diese Art zur Weide eignen, so dürfen dieselben doch aus dem Grunde nicht abgehütet werden, weil die Seewinde alsdann den kahlen Sand landwärts treiben, und ganze Gegenden versandet werden würden.

Es können daher diese Dünen nur als unbrauchbare Sandschellen angesehen werden, und selbst die Berge derselben dürfen, weil ihre Gestalt alljährig Veränderungen unterworfen ist, nicht mit aufgenommen werden.

§. 40. Die Zeichnung der Berge geschieht gewöhnlich noch in der alten Manier der Schwungstriche. Obgleich es nun wohl bei einer ökonomischen Karte nie darauf ankömmt, den Grad der Steilheit eines Berges zu messen, sondern es nur genügt, wenn man weiß, daß ein Berg da ist, und daß er mehr oder minder steil ist, so wäre es doch zu wünschen, daß, wenn die Berge mit aufgenommen werden, man sich der vortrefflichen Lehmannschen Methode bediente.

Sie ist nicht nur eben so leicht als jene, sondern giebt auch der Karte ein besseres Ansehen, und es ist bei derselben sehr leicht, den ungefähren Grad der Steile eines Berges oder dessen allmählige Abdachung anzugeben, welcher Vortheil bei den Schwungstrichen fast gänzlich wegfällt.

Die Anleitung dazu findet man in Lehmanns Anleitung zum Situations-Zeichnen; jedoch will ich hierin die wichtigsten Data, Lehmannsche Berge zu zeichnen, angeben.

Der Grad der Abdachung, oder die Steile eines Berges, wird durch das Verhältniß der schwarzen Bergstriche zu den weißen Zwischenräumen derselben so bestimmt, daß eine Ebene, oder ein Berg von 0° Abdachung (oder Neigung gegen die Horinzontale) so gezeichnet wird, daß der schwarze Strich zum leeren Zwischenraum sich verhält:

	wie	0 : 9 (oder weiß)
Bei 5° Abdachung	— —	1 : 8
— 10°	— — — —	2 : 7
— 15°	— — — —	3 : 6
— 20°	— — — —	4 : 5
— 25°	— — — —	5 : 4
— 30°	— — — —	6 : 3
— 35	— — — —	7 : 2
— 40	— — — —	8 : 1
— 45	— — — —	9 : 0 (oder ganz schwarz).

Es ist nun freilich nicht möglich, ohne Patentboussole, einen jeden Berg mit seinen oft so verschiedenen Abdachungs-Nüancen genau aufzunehmen und zu zeichnen; indessen ist dieß, wie ich auch oben schon bemerkt habe, bei ökonomischen Vermessungen durchaus nicht nöthig und es ist genug, wenn man in dieser Beziehung der Wahrheit nur so viel als möglich nahe zu kommen sucht.

§. 41. Was die Bezeichnung der Karten mit Littern und Nummern anbetrifft, so ist es keinesweges gleichgültig, auf welche Weise und in welcher Folge dieß geschieht, denn es ist bei einer coupirten Karte, deren Littern und Nummern nicht nach einem gewissen Plan und in einer gehörigen Folge geordnet sind, oft sehr schwierig, besonders wenn sie schon etwas alt und gebraucht ist, sich schnell zu orientiren und zurecht zu finden.

Ich halte es daher nicht für überflüssig, durch einige allgemeine Regeln die Litterirung der Karten nach einem gewissen Plane anzugeben.

Dem zufolge, muß ein jeder auf der Karte vorkommender Gegenstand, mit einem der großen Buchstaben des Alphabets bezeichnet werden.

So würden die Wurthen oder Wörden, wenn es nöthig ist dieselben zu bezeichnen z. B. mit A (die Gärten werden mit römischen Zahlen bezeichnet), sämmtliche Aecker mit B, die Schonwiesen mit C, die hohe Holzung mit D, niedere Holzweide mit E, Bruchhütung mit F, Torfmooren mit G, hohe Hütung mit H u. s. w. bezeichnet werden.

Kommen auf einer Feldmark noch anderweitige Gegenstände, als z. B. Leinstellen, Rohranwüchse u. s. w. vor, so müssen auch diese ihre sie bezeichnende Buchstaben erhalten.

Um nun die verschiedenen Theile des Ackers und der Wiesen zu bezeichnen, so giebt man einem Felde das Zeichen Ba und zwar dem Felde selbst Ba I., den Abtheilungen Ba II., Ba III. u. s. w. Das andere Feld erhält natürlich das Zeichen Bb u. s. f.

Schon separirte Besitzungen, als Vorwerks-, Krug-, Mühlenländereien u. s. w., behalten jede für den Acker das B mit respektive dem folgenden kleinen Buchstaben bei.

Die verschiedenen Abtheilungen der Wurthen und Wiesen werden natürlicherweise, erstere mit A. I., A. II., letztere mit C. I., C. II., C. III. u. s. f. bezeichnet.

Die übrigen Gegenstände, als die Holzung und die Außenweiden werden auf eben diese Weise litterirt, und ich bemerke nur hierbei, daß man sich so viel als möglich vorsehen muß, die Littern und Nummern nicht zu weit und zu unregelmäßig auseinander zu setzen, indem dadurch das Auffinden derselben wesentlich erschwert wird.

IV. Ueber Anfertigung der Register.

§. 42. Ich berühre jetzt einen Gegenstand dieses Werkes, welcher zu denen Arbeiten der Feldmesser gerechnet werden muß, in welchen sich jederzeit die größte Verschiedenheit vorfindet und vorfinden muß.

Ein Klassifikationsregister wird, wenn es von einem angehenden Condukteur bearbeitet worden ist, in seiner innern Methode von dem eines routinirten Feldmessers sehr unterschieden sein, nnd überhaupt, so verschieden die Gesichtspunkte sind, aus denen diese Sache betrachtet werden kann, so verschieden werden auch die gelieferten Arbeiten sein. Ich will zugeben, daß, wenn die Register in calculo richtig sind, sie, das eine wie das andere, gebraucht werden können; jedoch behaupte ich auch, daß auf den Grund eines gehörig durchdacht bearbeiteten Bonitirungs-Registers die nachherigen Arbeiten um die Hälfte schneller gemacht werden können, als nach einem, worin die darin vorkommenden Gegenstände in einer planlosen Verwirrung durch einander liegen.

Ich will daher eine allgemeine Methode: Bonitirungs-Register anzufertigen, hiermit angeben, welche sich zwar von der bisher allgemein üblichen in mancher Hinsicht wesentlich unterscheidet, indeß gewiß auch ihren Zweck nicht verfehlen wird.

§. 43. Die auf einer Feldmark vorkommenden Gegenstände sind, hinsichts der Regulierung und Separation und in Beziehung ihrer Registrirung, dreierlei Art: 1) privative, 2) zeither gemeinschaftlich genutzte und 3) unnutzbare Grundstücke.

Zu den ersteren gehören: Hof- und Baustellen, Gärten, Wurthen, Aecker, Brach- und Schonwiesen und Holzungen. — Zu der zweiten Gattung: die Weide im Acker und die raume Weide, und zur dritten die bekannten Gegenstände, als Wege, Gewässer u. s. w.

Diese drei verschiedenen Dinge, welche in den Registern gewöhnlich, wenn sie sämmtlich im Acker vorkamen, auf eine oft sehr unbequeme Art vereint wurden, müssen durchaus, wenn das Register deutlich und nicht unnütz gedrängt sein soll, getrennt, und ein jedes einzeln aufgeführt werden.

§. 44. Aus diesem Gesichtspunkte betrachtet, kann man das Register daher mit den Gärten, Hof- und Baustellen anfangen, und sodann die Wurthen (worunter ich jedoch nur das Wurthland verstehe) folgen lassen.

Alsdann führt man den klassifizirten Acker, darnach die Wiesen, und zwar 1) die Brachwiesen, 2) die in den Wurthen, und 3) die übrigen Schonwiesen, und zuletzt die hohe und niedere Holzung, so wie die übrigen noch etwa privativen Besitzungen (Leinstellen, Rohranwüchse) im Register auf.

In Beziehung der im Acker liegenden Hütungsflecke, welche zwar zum Hufenschlage gehörig, bisher privative benutzt wurden, ist es durchaus nicht nöthig, dieselben für jedes einzelne Ackerstück besonders aufzuführen, sondern es genügt sie in der ganzen Fläche (d. h. so groß als der Weidefleck ist), zu berechnen; indem die Weide jederzeit entweder nach dem Bedarfe, zufolge Ausmittelung des Futtergewinns, oder nach dem Viehstande, im Durchschnitte der letzten 10 Jahre, zuweilen auch nach Verhältniß des Acker- und Wiesen-Besitzstandes, oder im Falle auf einer Feldmark ein Minus an Weide ist, ebenfalls nach letztgenanntem Prinzip an die Interessenten vertheilt wird, es also nie darauf ankommen kann, zu wissen, wie viel dieser oder jener Theilnehmer an privativer Weide besessen hat.

Die im Hufenschlage befindliche Elsbrücher, möchten der Holzung wegen wohl in dem Falle eine Ausnahme machen, wenn bei Anlegung des Plans irgend ein Interessent auf Entschädigung seiner Elsen antragen sollte.

Es ist daher nöthig, die im Acker liegenden Elsbrücher als einen ganz besondern Gegenstand zu betrachten und sie im Register so aufzuführen, daß aus demselben der Inhalt eines jeden, zu irgend einem Ackerstücke gehörigen Theils derselben, zu ersehen ist.

Jedoch ist es nicht nöthig, sie als ganz privative Besitzungen mit in den Extrakten aufzuführen. Den privativen Besitzungen folgt nun die Weide; 1) die Weide im Acker und 2) die Außenweiden als: hohe Hütung, Bruchhütung und Torfmoore.

§. 45. Hat man auf diese Art einen jeden der auf einer Feldmark verschiedentlich vorkommenden Gegenstände besonders im Register aufgeführt, so ist es darnach sehr leicht, den Separations-Plan, welcher doch von jedem Gegenstande, als Acker, Wiesen und Weide, besonders angelegt werden muß, anzufertigen.

Man erreicht auf diese Art den Vortheil, daß man 1) wenn viel Brachwiesen, und 2) wenn Holzungsflecke im Acker liegen, dieselben auch nach der Bonitirung eintragen kann, welches in dem Falle, wenn man sie im Hufenschlage aufführt, selten auf eine deutliche und bequeme Art geschehen kann.

§. 46. Uebrigens will ich bemerken, wenn es auch nöthig ist, in jedem Register die Werthverhältnißzahlen der Ackerklassen, so wie auch den Heuertrag der Wiesen und die Berechnung der Hütungen in Kuh- oder Schaafweiden, aufzuführen.

Bei den Wurthen und dem Acker ist es hinreichend, 1) die Werthzahl eines jeden Feldes und einer jeden Abtheilung des Feldes, 2) die Werthzahl des Besitzstandes eines jeden einzelnen Interessenten zu berechnen, und im Register und den Extrakten aufzuführen. —

Es ist dieß eine sehr geringe und wenig Zeit raubende Arbeit, welche den großen Vortheil hat, daß sie bei der nachherigen Separation eine sehr schnelle Uebersicht und bedeutende Erleichterungen in der Arbeit gewährt.

und man kann sich die Berechnung derselben dadurch noch sehr erleichtern, wenn man, aus denen vom Commissarius ausgemittelten Werthverhältniß = Zahlen pr. Morgen, den Werth für eine Ruthe berechnet, welches aber wenigstens, wenn nicht Unrichtigkeiten in der Rechnung entstehen sollen, auf 3 — 4 Dezimal = Stellen geschehen muß.

§. 47. Die im Acker liegenden Brachwiesen, so wie auch die Schonwiesen, müssen jede einzelne nach ihrem Heuertrage in Centnern bis auf zwei Dezimalstellen berechnet werden, jedoch müssen die Brachwiesen nicht nach ihrem vollen Ertrage, sondern zu ⅔ oder ¾ desselben, je nachdem sie in der Drei = oder Vierfelderwirthschaft vorkommen, berechnet werden.

§. 48. Bei der Hütung und Holzung ist es ebenfalls nöthig, jeden einzeln im Register aufgeführten Theil derselben in Kuhweiden zu 3, oder Schaafweiden zu 2 Dezimalen zu berechnen.

§. 49. Die Berechnung des Wiesen = und Weide-Ertrages wird dadurch ungemein erleichtert, wenn man, wie bei dem Acker, sich den Werth pr. eine Quadratruthe berechnet, indem man sodann nichts als zu multipliziren nöthig hat; und ich habe zu dem Ende zwei Tabellen, welche auch sogar dieß Multipliziren in ein Addiren verwandeln, beigefügt, aus welchen man gedachte Berechnungen sehr schnell zu machen im Stande sein wird.

Um übrigens die Richtigkeit der Wiesen = und Weide-Ertrags = Berechnung zu prüfen, darf man nur die Total-Summe sämmtlicher Wiesen und Weide, durch alle Klassen dem Werthe nach berechnen und sodann zusehen, ob die Summe dieser Werthzahlen, mit jener, durch Berechnung der einzelnen Theile erhaltenen, übereinstimmt.

§. 50. Den Beschluß im Register machen die unbrauchbaren Grundstücke, welche sich in ihren verschiedenen

Gattungen, als Wege, Gewässer und Sandschellen, halbebogenweise folgen können.

§. 51. Die General-Recapitulation, welche den Inhalt der ganzen Feldmark nachweiset, kann ihren Platz in einer einzigen Rubrik finden, indem es ganz ohne Nutzen ist, eine zwei Bogen breite General-Recapitulation anzufertigen, da die Hauptsummen der Gärten, Aecker, Wiesen und Weide u. s. w. doch schon, klassifizirt im Register vorkommen.

§. 52. Kommen auf einer Feldmark streitige Grenzen vor, welche sich durch Vermittlung des Condukteurs während der Zeit der Vermessung und durch Einigung der Interessenten beider Dorfschaften nicht berichtigen lassen, so muß der Condukteur die streitige Fläche aufnehmen, und den dadurch entstandenen Streitort im Register besonders aufführen.

§. 53. Sind auf der Feldmark Besitzungen, welche zu auswärtigen Dörfern gehören (wie dieß zuweilen bei Wiesen der Fall ist), so werden diese eben so im Register und den Extrakten aufgeführt, als ob sie zur Feldmark gehörten und können allenfalls zuletzt in den Recapitulationen in Abzug gebracht werden.

§. 54. Dem Register müssen jedesmal die Extrakte, oder die Zusammenstellung der Besitzungen eines jeden einzelnen Theilnehmers folgen. Es können in denselben also nur die privativen Grundstücke vorkommen.

Sie werden von jedem besondern Gegenstande, als Hof- und Baustellen, Gärten, Acker, Wiesen und Holzungen besonders angefertigt und es folgen die Theilnehmer hierin in einer gewissen Ordnung, wobei ich noch bemerken will, daß zwar ein jeder einzelne Bauer besonders extrahirt, die Summe Aller jedoch, auch zu ersehen sein muß, die Bauern übrigens nicht mit den Kossäthen, Halbbauern u. s. w. vermengt werden müssen.

§. 55. Ich kann nicht umhin, noch einiges über

die Methode, die auf der Karte zu berechnenden Flächen auszumessen, zu sagen.

In der Regel wird eine jede auf der Karte befindliche, von krummen Linien eingeschlossene Fläche, durch Dreiecke berechnet, und es ist begreiflich, daß, je krummlinigter und irregulärer die Figur ist, desto mehr muß man durch Aequirung der krummen Linien Dreiecke bilden und um so langwieriger wird die Berechnung.

Ich will daher hiermit eine Methode an die Hand geben, deren ich mich jederzeit bei der Berechnung großer irregulärer Flächen bediene; und zwar ist dieß die Manier durch Trapeze.

Man äquire irgend eine Seite der zu berechnenden Figur, errichte auf die dadurch entstandene Linie eine Normale und stecke auf letzterer von 10 zu 10 Ruthen mit dem Zirkel Punkte ab, durch welche man lauter gerade, mit der ersten Linie parallellaufende Bleilinien durch die ganze Figur zieht, welche man auch über alle noch zu berechnende in der Nähe liegende Flächen mit durch ziehen kann.

Auf diese Art ist die ganze Figur in lauter Trapeze von gleichen Höhen getheilt worden, deren Inhalt, wenn die Seiten a und b heißen, bekanntlich $= \frac{a+b}{2} . h$ ist. Es ist aber auch, wie leicht erwiesen werden kann $\frac{a+b}{2} =$ derjenigen Linie, welche aus der Mitte der einen nicht parallelen Seite des Trapezes nach der Mitte der andern gezogen werden kann, und es folgt hieraus, daß der Inhalt der ganzen Figur, der Summe aller, in der Mitte eines jeden entstandenen Trapezes, gemessenen Linien, mit 10 multiplizirt, gleich sei.

Um nun, nachdem man die nicht parallelen Seiten der Trapeze gehörig äquirt hat, nicht nöthig zu haben, die einzelnen Längen zu messen und zu addiren, so stecke man sich dieselben mit dem Zirkel auf mehrere, auf einen

Bogen Papier gezogene gerade Linien ab, so daß man auf diese Art die Summe derselben durch eine geometrische Construction erhält, welche man alsdann nur zu messen, und mit 10 (als der gemeinschaftlichen Höhe) zu multiplziren nöthig hat.

Entstehen an den äussersten Enden der Figur vielleicht noch einige irreguläre Figuren, welche nicht in die Trapeze eingeschlossen werden können, so müssen diese natürlich besonders berechnet und zum Ganzen addirt werden.

Sollte die Fläche zu krummlinigt sein, als daß man sie an den Enden der Trapeze äquiren könnte, so darf man freilich den Trapezen nur eine Höhe von 5° geben, indeß geht auch dieß noch bei weitem schneller, als die Berechnung durch Dreiecke.

Eine zweite Methode die Figuren durch Trapeze zu berechnen, welche sich zugleich durch eine ganz vorzügliche Genauigkeit auszeichnet, ist die, daß man nicht die Mittellinien, sondern die parallelen Seiten der Trapeze selbst, mißt.

Es seien die parallelen Seiten der Trapeze a, b, c, d . . . . . . z, die allgemeine Höhe = h, so ist der Inhalt des ersten Trapezes $= \frac{a + b}{2} h$, des zweiten $= \frac{b + c}{2} h$, des dritten $= \frac{e + d}{2} h$ u. s. f., der Inhalt aller $= h \left(\frac{a + b + c + e + c + d + \ldots\ldots z}{2} \right)$ $= \left(\frac{a + 2b + 2c + 2d + \ldots\ldots + 2y + y}{2} \right) h =$ $\left(\frac{a + z}{2} + b + c + d + \ldots\ldots + z \right) h.$

Aus letzterer Formel ergiebt sich daher leicht, daß man nur nöthig hat: die erste Seite des ersten, und die letzte Seite des letzten Trapezes zu addiren und zu halbiren, sämmtliche übrige Seiten nach oben angeführter Methode geometrisch zu addiren, zu der halbirten Summe hinzuzurechnen, und mit der gemeinschaftlichen Höhe zu multipliziren.

Kleine Figuren, welche man in nicht mehr als 3 — 4 Dreiecke zerlegen darf, ist es freilich rathsamer, durch Dreiecke zu berechnen; nur muß man sich nicht die unnöthige Mühe machen, jedes Dreieck einzeln zu berechnen, da man bekanntlich jedes Viereck, es mag sein, wie es will, durch eine einzige Multiplikation berechnen kann, und aus diesem Gesichtspunkte betrachtet, muß man daher eine Figur nicht in Dreiecke, sondern in Vierecke schicklich zu zerlegen suchen, und diese durch das Produkt der Diagonale in die halbe Summe der auf derselben befindlichen Höhen der anliegenden Dreiecke, berechnen.

§. 56. Ich will dieses Kapitel damit schließen, daß ich diejenigen Instrumente, welche dem Condukteur nöthig sind, herzähle.

Sein Reißzeug ist vollständig genug, wenn es:

1) aus einem Handzirkel,
2) aus einem zweiten Zirkel mit Reißfeder und Bleihülse,
3) aus zwei Reißfedern,
4) einem Transporteur, dessen Radius wenigstens 120° des 50ger Maßstabes beträgt, mit dem 30ger, 40ger und 50ger Maßstabe, und allenfalls
5) aus einem Feder- oder Haar-Zirkel bestehet.

§. 57. An Linealen bedarf er:

1) eines großen stählernen Lineals,
2) eines kleinern hölzernen,
3) eines großen Dreiecks,
4) eines kleinen Lineals nebst Dreiecks und
5) einer Reißschiene zu den Register-Arbeiten.

Man muß ganz vorzüglich darauf sehen, daß die Lineale gerade sind, denn nichts kann beim Auftragen auf die Karte größere Unrichtigkeiten hervorbringen, als gerade dieß.

Außerdem ist es gut, wenn man sich zum Acquiren krummer Linien, auch noch ein kleines hölzernes Lineal anschafft.

§. 58. Ferner gehört zu den Arbeiten auf dem Felde eine Meßkette nebst Ketten- und Marquirstäben, deren man gemeinhin 10 hat. Wie ich oben schon erwähnt habe, ist es bei fortwährender Messung mit der Kette, durchaus nöthig, dieselbe wenigstens alle 14 Tage durch eine, vom Dezimallzolle richtig abgenommene halbe Ruthe, nachzusehen und nöthigenfalls zu rektifiziren.

§. 59. Hinsichtlich der üblichen Winkelmesser, sind die Ansichten darüber zu sehr verschieden, als daß ich mich erkühnen dürfte, mich bestimmt für irgend ein Instrument zu erklären.

Das Astrolabium hat für den Praktiker die große Unbequemlichkeit, daß mit demselben weder sehr spitze, noch sehr stumpfe Winkel gemessen werden können. Es möchte diesem Fehler des Instruments sich durch eine schickliche Aenderung seines Baues wohl abhelfen lassen, indessen bleibt dann immer noch das Uebel, daß sich die Fehler, da man die Winkel mit dem Nonius zwar auf Minuten messen, aber sie ohne Minutentransporteur nicht auf Minuten abtragen kann, erstaunt mehren, und kein so sicheres Resultat, als die Boussole geben. Uebrigens muß man mit demselben die Winkel in jedem Stationspunkte aufnehmen, welches man mit der Boussole, bei welcher man immer einen überspringen kann, nicht nöthig hat.

Letzterer wirft man freilich drei nicht unbedeutende Fehler vor: erstens dauere die Oscillation der Nadel bei einem sensiblen Instrument für den Praktiker zu lange, als daß er schnell mit derselben messen könne, zweitens soll dieselbe im Sturm wegen zu starker Erzitterung der Nadel fast gar nicht zu brauchen sein, und drittens soll sie kein so genaues Resultat, als man wohl verlangen dürfte, liefern.

Gegen das Erste wende ich ein, daß man sich ein solches Instrument anschaffen muß, dessen Nadel, in Form eines Parallelograms gestaltet, sich nicht horizontal, sondern mit der scharfen Kante nach oben zu, bewegt, und welche auf diese Art die Luft nicht als Linie, sondern als Fläche durchschneidet, derselben dadurch einen grösseren Widerstand entgegensetzt, und demnach ihre Schwingungen sehr bald beendet.

Dem Fehler, daß die Boussole bei starkem Winde fast gar nicht zu brauchen ist, kann auf die leichteste Art abgeholfen werden, indem man nichts weiter nöthig hat, als mit dem Fuße die drei Beine des Instruments festzustoßen, und ich habe auf diese Art schon bei sehr starkem Winde fast eben so bequem gemessen, als bei stillem Wetter.

Auf weichem Terrain, als Wiese und Bruch, darf man freilich bei stürmischem Wetter nicht mit der Boussole arbeiten, denn hier ist es unmöglich, die Füße des Instruments so einzuschlagen, daß der Wind es nicht erzittern machen sollte.

Daß übrigens die Messung mit der Boussole zu bedeutende Fehler hervorbringen sollte, ist wohl ein Irrthum; denn man kann bei gehöriger Genauigkeit, und mit einem richtig getheilten, eisenfreien, und mit Mikrometerschraube versehenem Instrumente, fast dieselbe Genauigkeit hervorbringen, als mit dem Meßtisch.

Ein Hauptvorzug eines guten Instrumentes ist: daß die Nadel so dicht als möglich an den Gradring stoße, indem es sonst nicht möglich ist, einen bis auf $\frac{1}{8}°$ genauen Winkel abzunehmen.

Was die Mensel anbetrifft, so eignet sich diese vielleicht mehr zu topographischen, als zu ökonomischen Vermessungen, indeß ist es nicht zu läugnen, daß sie, besonders in einem coupirten Terrain, und zur Aufnahme sehr krummlaufender Ackerstücke ihre wesentlichen Vortheile und Vorzüge vor andern Instrumenten hat, nochzumal der Meßtisch unstreitig dasjenige Instrument ist, welches die größte Accuratesse hervorzubringen im Stande ist.

Ich halte daher dafür, daß es das beste ist, sich dasjenige Instrument zu wählen, mit welchem man das Messen erlernt hat, da man mit dessen Behandlung schon vertraut ist.

§. 60. Uebrigens will ich hierbei noch ein sehr bequemes kleines Instrument angeben, welches dazu dient, rechte Winkel auf dem Felde zu errichten, und welches beim Abschreiten von der Kette, und bei Absteckung spezieller Eintheilungen gebraucht werden kann.

Es ist dieß nichts anders, als eine Art Kreuzscheibe, in Form eines oben offnen Zylinders von Blech, dessen Grundfläche 6 — 7 Zoll im Durchmesser, und dessen Höhe ein halber Zoll sein kann. An dem Rande dieses blechernen Tellers sind unter rechten Winkeln 4 Einschnitte angebracht, welche als Dioptern dienen; unter dem Boden desselben kann entweder ein 2 bis 3 Zoll langer Stift befestigt, und das Ganze auf diese Art in einen der Kettenstäbe gesteckt werden, oder man kann sich auch ein eigenes einfüßiges Stativ dazu machen lassen, auf welches das Instrument gleich befestigt wird.

§. 61. Dieß wären die gewöhnlichen, und dem Feldmesser unentbehrlichen Instrumente. Die noch, allenfalls für denjenigen, welcher die Ausgaben nicht scheut, anzuschaffenden, wären:

1) Der zum Gebrauche des Astrolabiums sehr nützliche Minuten - Transporteur.

2) Ein Reduktions - Zirkel, welcher dazu dient, Karten zu reduziren.

Man kann denselben dadurch entbehren, daß man sich auf ein, auf ein dreieckiges Bret geklebtes, Stück Papier ein Instrumentchen mit einer feinen Reißfeder zeichnet, welches zum Reduziren der Karten außerordentlich bequem ist und folgendermaßen construirt wird. —

Man ziehe auf dem Papier zwei unter irgend einem Winkel (z. B. dem 45sten Grade) sich begegnende Linien, und trage von dem gemeinschaftlichen Eckpunkte beider, auf die eine eine gewisse Ruthenzahl (z. B. 200°) desjenigen Maßstabes, nach welchem die zu reduzirende Karte gezeichnet ist, auf die andere eben so 200° des Maßstabes, nach welchem sie reduzirt werden soll, und verbinde diese Punkte durch eine gerade Linie, mit welcher man über die ganze Fläche dicht neben einander laufende Parallelen zieht.

Es verhalten sich nun alle von diesen Parallelen auf die beiden ersten Linien abgeschnittenen Theile, wie die beiden Maßstäbe, und man hat daher nur nöthig, die auf der Karte befindlichen zu reduzirenden Längen auf der einen Linie zu messen, und ihre correspondirende, auf der andern Linie befindliche Größe auf die anzufertigende Karte aufzutragen.

3) Eine Patentboussole, um bei Aufnahme der Berge, den Abdachungsgrad derselben schnell und richtig bestimmen zu können.

V. Ueber Anlegung der Separations-Pläne.

§. 62. Die Anlage und Berechnung eines Separations-Plans, geschieht jederzeit im Beisein und unter Leitung des Oekonomie-Commissarius, und es muß letzterer dem anwesenden Condukteur entweder die mündlichen Data, oder einen schriftlichen Regulierungsplan, behufs der auf der Karte zu machenden Zutheilung, und deren Nachweisung im Separationsplane, liefern.

Dahin gehört z. B. 1) wieviel ein jeder Theilnehmer an Acker und Wiesen rc., 2) wo er diese Pertinenzien erhalten soll, 3) für wie viel Hauptvieh er Weide, und wo er diese erhalten soll u. s. w.

§. 63. Der Condukteur läßt es sodann seine erste Arbeit sein, eine Nachweisung von den nicht zur Theilung und Verlegung kommenden Grundstücken, als: Hof- und Baustellen, Gärten und vielleicht auch Wurthen zu machen; bei denen, wenn mit ihnen kein Umtausch geschehen soll, er bloß bemerkt, daß die Interessenten laut Register, so und so viel dieser Pertinenzien gehabt haben, und dieselben behalten.

Sodann fängt er, wenn mit den Wurthen eine Theilung oder Vertauschung geschehen soll, mit dem Separationsplane derselben an, wobei jedoch auch von dem Wurthacker die Rede sein kann, indem die Wiesen darin, so wie auch die im Acker liegenden Brachwiesen zum Separationsplan der Wiesen gehören.

Uebrigens ist es nicht unumgänglich nöthig, daß für die Wurthen ein eigener Separationsplan angefertigt werde; im Gegentheile, es vereinfacht und erleichtert die Arbeit sogar, wenn dieß nicht geschieht, sondern wenn die Wurthen, als Acker betrachtet, mit zu dem übrigen Acker gerechnet werden.

Es kann dieß schon aus dem Grunde sehr füglich geschehen, weil gewöhnlich nach der Separation das Wort: Wurth oder Wörde gewissermaßen seinen Sinn ganz verliert, indem dann ein jeder aus seinem Acker so viel Wurthland machen kann, als ihm gutdeucht. Uebrigens ist es auch in der Regel gar nicht möglich, einem jeden Interessenten so viel Wurthland gerade wieder zu geben, als er gehabt hat, und es muß dieß daher im Acker wieder ausgeglichen werden; wirft man hingegen Acker und Wurthen zusammen, so ist diese Ausgleichung, welche zu Irrungen Anlaß geben kann, nicht weiter nöthig.

§. 64. Im Separationsplane des Ackers versteht es sich von selbst, daß darin nur reiner Acker, unabgesehen der darin liegenden Wiesen, Hütungs- oder Holzungsflecke, vorkommen kann, und ich will hierbei nur so viel bemerken, daß man sich in der Nachweisung der angewiesenen Theile einer deutlichen und genau umschriebenen Auseinandersetzung befleißigen muß.

Bei einer Anweisung, wobei Acker oder Wiesen als Weide, oder umgekehrt, wie dieß zuweilen zu geschehen pflegt, gegeben wird, muß man dieß gehörig auseinandersetzen und sich in den Anmerkungen jederzeit auf die Pagina der Acte oder des Registers beziehen.

Uebrigens wird natürlicherweise ein Interessent nach dem andern im Plane aufgeführt.

So würde z. B. der Separationsplan des Ackers auf diese Weise anfangen:

Laut Bonitirungs-Register des Condukteur N. N.
besaß die Pfarre an Acker:
ferner an Wurthland:

Summa:

Hierauf werden angewiesen:
1) Ba. I. Nro. 1 — 15 mit:
2) Von Ba. I. Nro. 16 —:

Summa:

balancirt.

Die Balance ist da, wenn die Werthzahl der angewiesenen Pertinenzien der Werthzahl der gehabten, oder gebührenden, gleich kommt.

§. 65. In gleicher Weise, nämlich so: daß ein Interessent nach dem andern (wobei Bauern, Halbbauern und Kossäthen als ein Interessent betrachtet werden) separirt, und im Plane aufgeführt werden, wird der Separationsplan der Wiesen und Weide angelegt.

Bei ersteren muß man nicht vergessen, die Brachwiesen nicht nach ihrem vollen Ertrage zu berechnen und anzuweisen, sondern es werden dieselben, wenn es nicht im Register schon geschehen ist, wie ich auch oben schon angeführt habe, zu $\frac{2}{3}$ und $\frac{1}{2}$ des Ertrages aufgeführt.

Eben so wird bei der mit Holz bestandenen Weide ein gewisser, von einem Sachverständigen zu bestimmender, aliquoter Theil zur Schonung, in Abzug gebracht.

§. 66. Kommen auf einer Feldmark noch anderweitige Gegenstände, als Holzungen, Leinstellen, Rohranwüchse u. s. w., vor, so ist dieß des Commissarius Sache, die Theilnehmer über die etwanige Abtretung, Vertauschung, Theilung oder Umtauschung gegen Acker, Wiesen oder Weide, derselben, gegenseitig zu vergleichen und dem Condukteur hierüber so viel Data, als derselbe zu wissen nöthig hat, mitzutheilen.

§. 67. Der Separations-Plan der herrschaftlichen Grundstücke (wenn nämlich ein Hauptgut da ist, d. h. wenn die Feldmark nicht etwa aus lauter gleich großen Gutsantheilen besteht), kann auf zweierlei Weise angelegt werden; einmal: wenn man, nachdem das, was der Herrschaft gebührt, festgesetzt worden ist, von sämmtlichen auf der Feldmark befindlichen Acker, Wiesen und Weide die Summe der angewiesenen Pertinenzien der übrigen Interessenten abzieht, und auf diese Art die Balance zu erhalten sucht, zweitens: indem man die Grundstücke des Gutes eben so speziell anweiset, als die der übrigen Theilnehmer.

Letztere Methode ist der ersteren bei weitem vorzuziehen, denn sie giebt die richtigste Probe eines etwa eingeschlichenen Fehlers; während es bei der ersteren, nur zu leicht ist, einen Fehler zu übersehen.

Uebrigens versteht es sich von selbst, daß in beiden verschiedenen Arten die Balance genau und deutlich zu ersehen seyn muß.

§. 68. Hat man die Berechnung auf der Karte und die Nachweisung der den Theilnehmern angewiesenen Pertinenzien im Plane beendet, so geschieht die Abpfählung auf dem Felde.

Ich bemerke hierbei, wie man sich vorsehen muß, keine anderen als feste Punkte beim Abstecken zu wählen, sich übrigens alle zu messenden Linien zu Hause, im Manuale zu notiren, sich aber auch noch Zirkel und Maßstab mitzunehmen, um auch im Felde noch, wenn die Oertlichkeit das Messen von irgend einem festen Punkte nicht erlauben sollte, andere Maßregeln wählen zu können.

Vorzüglich muß man sein Augenmerk darauf richten, alle auf der Karte gerade gezeichneten Linien, auch auf dem Felde als gerade Linien abzustecken, welches jedesmal geschehen kann, wenn man eine solche Linie von nicht mehr als zwei festen Punkten absteckt.

§. 69. Ich will hiermit noch eine Methode, Separations-Linien auf der Karte durch Rechnung abzuschneiden, an die Hand geben, welche in der Berechnung große Vortheile gewährt, indem wie bekannt, die gewöhnliche Manier (d. i. durch Probiren) oft sehr zeitraubend und mühsam ist, besonders wenn eine solche Separationslinie durch viele Klassen geführt werden muß.

Ist man mit der Anweisung, es mag Acker, Wiese oder Weide sein, für irgend einen Interessenten so weit gediehen, daß noch eine kleine Werthzahl (sie sei = a) fehlt, oder auch schon zu viel ist, so kömmt es nur darauf an, die Höhe des Parallelograms oder des Trapezes durch Rechnung zu finden, dessen Inhalt und Werth der noch abzuschneidenden Werthzahl auf der Karte gleich ist.

Zu dem Ende berechne man sich oberflächlich den ungefähren Flächeninhalt, und aus letzterem die ungefähre Höhe, des noch unbekannten abzuschneidenden Parallelograms, trage letztere auf die gegebene Grundlinie, und ziehe mit einer schwachen Bleilinie die andere Seite des Parallelograms.

Ist dieß geschehen, so mißt man in der Mitte dieses Parallelograms, genau die Länge jeder Bonitirungs-Klasse, betrachtet diese gefundene Längen als Quadratruthen (d. h. multiplizirt sie mit 1° Höhe) und berechnet die Werthe derselben (er sei = α), welche man summirt. Aus letzterem kann man durch folgende Proportion die richtige Höhe, des noch abzuschneidenden Parallelograms oder Trapezes finden: $\alpha : 1 = a : x$.

Mit der gefundenen Höhe multiplizirt man sodann die Längen der Ackerklassen, um den Inhalt zu erfahren, und man wird finden, daß, wenn man genau verfährt, und die noch abzuschneidende Werthzahl nicht zu groß ist, die Rechnung gewöhnlich bis auf eine oder wenige Quadratruthen stimmt.

§. 70. Soll jedoch eine Werthzahl, in Form eines Dreieckes abgeschnitten werden, so läßt sich hierüber keine so allgemeine praktische Regel geben, sondern man muß es, da hier keine ähnliche Figuren entstehen und diese Aufgabe nur durch die höhere Mathematik gelöst werden kann, in diesem Falle schon bei der Manier des Probirens bewenden lassen.

Es ist zwar die Auflösung der ersten Aufgabe auch nur in dem Falle, wenn die Bonitirungs-Abschnitte alle parallel sind, eine rein mathematische Rechnung, und in den andern Fällen immer nur eine Annäherung, indessen geht diese Annäherung hier selbst gut an; in dem zweiten Falle aber, wo die Werthzahl als Dreieck abgeschnitten werden soll, durchaus gar nicht.

VI. Ueber Special=Eintheilungen.

§. 71. Eine bäuerliche Gemeine kann sich, nachdem ihre Grenze mit den übrigen Interessenten abgehügelt worden ist, auf dreierlei Weise unter sich eintheilen lassen:

1) Durch vollkommene Separation.

2) Auf dem Wege der Verkoppelung.

3) Durch Eintheilung in gewöhnliche schmale Ackerstücke.

§. 72. Eine vollkommne Separation, welche entweder in Acker, Wiesen und Weide, oder auch nur in Acker und Wiesen geschehen kann, ist da nur möglich, wo der den bäuerlichen Wirthen angewiesene Acker 1) möglichst gleich gut ist, und nach allen seinen Richtungen hin gutes Land enthält, und 2) nicht zu weit vom Dorfe entfernte Theile enthält, es sei denn, daß sich die mit ihrem Antheile hinten hin kommenden Wirthe zum Abbau entschließen wollten.

Da diese Bedingungen selten erfüllt werden können, so gehört es auch mit zu den Seltenheiten, daß die Gemeinen zu speziellen Separationen zu bewegen sind.

§. 73. Die Eintheilung auf dem Wege der Verkoppelung ist eine solche: bei welcher die Wirthe zwar im Gemenge bleiben, jedoch ihre Stücke nicht in Form schmaler Rücken, sondern in möglichst quadratförmigen Stücken, welche sich zu einer freien Benutzung bei weitem mehr als die schmalen Ackerstücke eignen, erhalten.

Es muß bei derselben, durch eine schickliche Legung von Triften und Wegen für eine möglichst leichte Communikation gesorgt werden, damit ein jeder, ohne über irgend eine andere Besitzung herüber zu dürfen, ungehindert auf die seinige gelangen kann.

Die Stücke selbst müssen wenigstens eine Breite von 10 — 15 Ruthen erhalten, und man muß so viel als möglich dahin streben, sie so breit, und in manchen Fällen auch so kurz als möglich zu machen.

Auch muß man jederzeit suchen, die Wirthe zur Aufhebung der Weide = Gemeinheit zu bewegen, welches vorzüglich dann seinen großen Nutzen hat (und auch in diesem Falle am füglichsten geschehen kann), wenn die Bauern große aneinanderhängende Flächen Heide = und Bruch = Hütung erhalten haben, welche sie nach deren Eintheilung zu Acker- und Wiesen umschaffen, und daraus einen größern Nutzen ziehen können, als wenn sie im Gemenge bleiben, auch auf diese Art unvermerkt und leicht zur Einführung der Stallfütterung hingeleitet werden.

§. 74. Die Eintheilung selbst geschieht entweder, wenn die Interessenten es ausdrücklich verlangen, nach der Bonitirung, oder nur in der Fläche. Ersteres ist eine sehr mühsame Arbeit, indeß geschieht sie glücklicherweise nur selten.

§. 75. Eine vollkommene Separation geschieht in der Regel nach der Bonitirung, und es erhalten dabei die Wirthe, wenn sie nicht ausdrücklich das Gegentheil verlangen, ihren gehabten Besitzstand, dem Werthe nach, wieder; es kann daher diese Arbeit ganz in Form eines Separationsplanes abgefaßt werden.

§. 76. Eine Verkoppelung (denn nur von solchen werde ich reden, da Eintheilungen in schmale Rücken gar nicht mehr statt haben sollen) wird damit angefangen, daß von der Spezial = Commission mit Zuziehung der bäuerlichen Wirthe bestimmt wird, in wie viel Felder die ganze Fläche des Ackers getheilt werden soll, und wie viel Koppeln ein jeder Wirth in jedem Felde (wo möglich nur eine) erhalten soll.

§. 77. Ist man hierüber einig, so müssen die Bauern unter Aufsicht des Commissarius auf das Feld, in welchem die Ausgleichung hinsichtlich der Gärten und Wurthen geschieht (siehe weiter unten), loosen, während die übrigen Felder erst nach der Abpfählung auf dem Felde so an die Wirthe vertheilt werden, daß auf das zweite Feld allein nochmals gelooset wird, und die Koppeln der übrigen Felder von den Wirthen selbst, den Koppeln des zweiten Feldes, zugelegt werden.

§. 78. Ist dieß geschehen, so zeichnet der Condukteur sich die neu anzulegenden Wege und Triften auf die Karte, berechnet sich darnach ein jedes der Felder oder Schläge, und bringt dieß mit der im Separationsplane angewiesenen Summe zum stimmen.

Das Eintheilungs-Register selbst, fängt er damit an, eine Nachweisung des den Bauern wirklich einzutheilenden Ackers zu machen; da in der Regel durch Legung von Wegen, Triften und Graben u. s. w., etwas vom Acker abgeht, so wie auf der andern Seite vielleicht, durch mit einzutheilende Weide (als Heide z. B.), durch Aufhebung von Feldwegen u. s. w., wieder beträchtliche Flächen hinzukommen können.

§. 79. Alsdann geschieht die Trennung der Kossäthen und Bauern, nach den Werthverhältnißzahlen entweder, oder nach der Fläche ihres alten Besitzstandes, je nachdem die Interessenten es verlangen.

In der Regel lassen sich die bäuerlichen Wirthe unter einander gleich eintheilen, es muß also, da sie ungleich große Gärten und Wurthen haben, der Eintheilung selbst eine Ausgleichung oder Gleichmachung, in Beziehung eben genannter Gegenstände, vorangehen, nnd es ist am besten, wenn diese Gleichmachung nur in einem (dem ersten) der einzutheilenden Felder geschieht.

Wird die Eintheilung nach der Bonitirung bearbeitet, so muß auch die Ausgleichung nach Werthverhältnißzahlen geschehen, und der Commissarius muß zu dem Ende dem Conducteur die Werthzahlen der Gärten ausmitteln; geschieht hingegen die Eintheilung nach der Morgenzahl, so kann auch die Ausgleichung, wenn die Gärten und Wurthen der Bauern in der Güte nicht allzu verschieden sind, in der Fläche geschehen.

Soll jedoch die Eintheilung nach dem Flächeninhalte bearbeitet werden, und sind die Gärten und Wurthen der Bonitirung nach allzu verschieden, so muß die Werthzahl des Besitzstandes eines jeden Wirthes an Gärten und Wurthen berechnet, diese Werthzahl sodann zu Acker irgend einer Klasse gemacht werden und diese nun entstandenen Zahlen müssen als die Ausgleichungszahlen angenommen werden.

Die Gleichmachung selbst geschieht auf folgende Art:

Das Feld A enthält an Acker	a Mg.
Die Summe der Gärten und Wurthen sämmtlicher Bauern, oder im zweiten Falle sämmtlicher Ausgleichungszahlen beträgt	b —
Summa:	a + b Mg.

Davon haben die n Bauern an Gärten und Wurthen:

1) der Bauer V α Mg. er erhält also noch $\left(\frac{a+b}{n}-\alpha\right)$ Mg.

2) — — W β — — — — $\left(\frac{a+b}{n}-\beta\right)$ —

3) — — X γ — — — — $\left(\frac{a+b}{n}-\gamma\right)$ —

u. s. w.

Auf diese vorläufigen Arbeiten folgt nun die Eintheilung auf der Karte selbst.

Geschieht diese nach der Bonität, so ist dabei die im §. 69. gezeigte Methode: Separations-Linien durch Rechnung zu schneiden, sehr bequem anzuwenden, geschieht sie nur nach der Morgenzahl, so finden bei der Eintheilung selbst weiter keine Schwierigkeiten statt, und ich will nur so viel bemerken, daß die im Acker liegenden Wiesen und Weideflecke, bis zur Eintheilung der Wiesen und Weide, unberührt bleiben müssen und das Eintheilungsregister des Ackers weiter nicht tangiren dürfen.

Höchst mühsam hingegen wird die Arbeit, wenn diese Wiesen- und Weideflecke, etwa in einem gewissen Verhältniß als Acker gerechnet werden sollen; und ich würde, obgleich ich selbst einst, dem Willen des Commissarius zufolge, eine Eintheilung auf diese Art gemacht habe, doch nie zu einer so unzweckmäßigen Arbeit, wie diese ist, rathen.

§. 80. Uebrigens will ich noch bemerken, daß eine Eintheilung, es mag eine Verkoppelung sein oder nicht, auf zweierlei Weise geschehen kann, einmal: indem man die Stücke oder Koppeln eines jeden Wirthes dem Inhalte nach, gleich in ihrer gehörigen Größe abschneidet und auf diese Weise durchaus keine Ausgleichungskaveln nöthig hat, oder zweitens: indem man allen Stücken in einem Felde eine gleiche Breite giebt, sodann deren Inhalt berechnet und in den Ausgleichungskaveln einem jedem der Wirthe den ihm noch gebührenden Theil abschneidet.

Die zweite Methode ist die leichtere, jedoch ist die erstere derselben vorzuziehen, und ich würde die zweite Manier allenfalls nur bei den Eintheilungen in schmale Rücken, anwenden.

§. 81. Ist nun die Eintheilung auf der Karte geschehen, und das Eintheilungsregister, nebst den Extrakten in allen seinen Theilen, als Gärten, Wurthen, Acker, Wiesen und vielleicht auch Weide rc. angefertigt, so geschieht die Abpfählung auf dem Felde; bei welcher ich nur so viel erinnern will, daß man die Situation ins Manual zeichnen muß, damit man, ohne im geringsten die Karte nöthig zu haben, die ganze Eintheilung aus demselben bequem abtragen kann.

Hat man übrigens bei parallel laufenden Stücken die Breite eines jeden durch Rechnung erhalten, so müssen diese Stücke, auch auf dem Felde, durch senkrecht durchlaufende Stationslinien in derselben Breite, und zwar bis auf halbe Fuße, wiederum abgetragen werden, und man kann sich hierbei (indem man die Breiten addirt) derselben Methode beim Eintheilen der Acker und Wiesenstücke bedienen, deren man zur Aufnahme derselben braucht.

Vor der Eintheilung, muß jedoch die Stationslinie, auf welcher man abpfählen will, erst mit der Kette überschlagen, und die etwa statthabende kleine Differenz verhältnißmäßig vertheilt werden.

§. 82. Dieß wären wol, außer den Nivellirungen, so ziemlich alle in ökonomischer Hinsicht, im Feldmessersache vorkommende Arbeiten, und es würden wenigstens aus den hierin aufgeführten, dem Zwecke des Werkes gemäß kurz erläuterten, alle übrigen noch etwa vorkommende Arbeiten leicht abgeleitet, auf jene bezogen, und somit deren zweckmäßige Bearbeitung auch hieraus ersehen werden können.

§. 83. Ueber Nivellements habe ich deshalb nichts weiter erwähnt, weil diese einestheils nur selten vorkommen, und deren Bearbeitung leicht genug ist, daß selbst der Anfänger die zweckmäßigste Art derselben sehr bald erräth.

Vermessungs-
und
Bonitirungs-Register
von
dem im N. Nschen Kreise belegenen Gute
N. N.

angefertigt
von
N. N.

I. Privative

1) Das Dorf.

Der Karte vom Jahre n. n.	Namen und Benennungen	Summa totalis		Hof = u. Baustellen		Gärten		Bemerkungen.
Nro.		M	R.	M	R	M	R.	
Nr. I.	Die Herrschaft .							
- II.	dieselbe .							
- III.	die Pfarre .							
- IV.	der Bauer N. N.							
- V.	der Küster .							
- VI.	der Kossäth .							
- VII.	u. s. w.							
- VIII.								
- IX.								
- X.								
- XI.								
	die Kirche nebst Kirchhof							
	Summa Summar.							

Grundstücke.

2) Die Wurthen.

Der Karte	Namen und Benennungen	Summa totalis		Weizland. 1 Cl.		Weizland. 2 Cl.		Werthzahlen.
				Werthzahlen.				
Nro.		M.	R.	M.	R.	M.	R.	
	A I.							
1	die Herrschaft							
2	die Pfarre							
3	u. s. w.							
4								
5								
6								
7								
	Summa							
	A II.							
1								
2								
3								
4								
5								
6								
	Summa							
	Hierzu A I. mit							
	Summa Summar.							

3) Der

Der Karte	Namen und Benennungen	Summa totalis		Boden- Clas- Werth-Ver-
Litt. u. Nro.		M.	R.	
	Ba I.			
Nro. 1				
- 2				
- 3				
- 4				
- 5				
- 6				
- 7				
- 8				
- 9				
- 10				
	Summa			
	Ba II.			
- 1				
- 2				
	u. s. w.			
				Anm. die Werth-
	Recapitulation.			
	das Feld Ba =			
	— — Bb =			
	— — Bc =			
	Summa sämmtl. Ackers			

A c k e r.

Arten. / sen. / hältniß = Zahlen.	Werthzahlen.	
zahlen müssen auf 2 Deci= malen berechnet werden.		

a) Die

Der Karte	Namen und Benennungen	Summa totalis		Bonität der
Litt. u. Nro.		M.	R.	
	a. Brachwiesen zu ⅔ des Heu-Ertrages			
	In Ba I.			
In Nr. 1				
— 2				
	Summa			
	In Ba II.			
— 1				
— 2				
— 3				
— 4				
— 5				
	u. s. w.			
	b. Schon-Wiesen.			
	C I.			
— 1	die Hirten-Wiese			
— 2	die Schulzen-Wiese			
	Summa			
	C. II.			
— 1				
— 2				
	u. s. w.			
	Summa			
	hierzu C I. mit			
	Summa der Schonwiesen			
	ferner betrugen d. Brachwiesen			
	Summa sämmtl. Wiesen			

Wiesen.

Wiesen in Centnern geworbenes Heu.	Heu-Ertrag in	Rohr-Anwüchse.		
	Ctr.	M.	R.	
				mit kleinem Elsgesträuch bestanden. mit Elsen bestanden.

5) Hohe

Der Karte	Namen und Benennungen	Summa totalis		Bonität der
Litt. u. Nro.		M.	R.	
	1) Eichen.			
In Bb I.	Nro. 7.			
— —	- 8.			
	Summa			
D 1.	die Herrschaft (Eichwald)			
D 2.	dieselbe (Schonung)			
	Summa			
	Hierzu d. Eichen in Bb I. mit			
	Summa der Eichen			
	2) Fichten.			
In Bb I.	Nro. 8. der Bauer N. N. (Schonung)			
In Bc I.	- 9. (große Fichten)			
— —	- 10. (dito)			
	u. s. w.			
	Summa			
D 3.	die Herrschaft (gr. Fichten)			
D 4.	dieselbe (Schonung)			
	Summa			
	Hierzu die Fichten im Acker mit			
	Summa der Fichten			
	Hierzu die Eichen mit			
	Summa der hohen Holzung			
	6) Niedere Holzung.			
E I.	die Herrschaft (Elsen)			
E II.	dieselbe (Birken)			
	Summa			
	Hierzu die hohe Holzung			
	Summa smtl. Holzgrundes			

Holzung.

Holzung in Kuhweiden pr. Morgen	Weide-Ertrag in kl. Vieh.	
	Stück.	
		10 jährig.
		2 jährig.
Anm. Zuweilen wird die Dichte des Holzes von den Boniteurs in Zehntheilen des Bestandenen angegeben. In diesem Falle müssen die Rubriken des Holzbestandes von $\frac{0}{10}$ — $\frac{10}{10}$ oben, die Bonitirungs-Classen der Weide hingegen, zur Seite angebracht werden.		5 jährig.

Elsbrücher.

Der Karte	Namen und Benennungen	Summa totalis		Bonität der=
Litt. u. Nro.		M.	R.	
	In Ba I.			
In Nr. 3.				
— 4.				
— 5.				
— 6.				
	Summa			

im Acker.

selben in Kuhweiden pr. Morgen.	Weide-Werth für kleines Vieh.	Bemerkungen.
	Stück.	

II. Gemeinschaftliche

1) Weide im Acker

Der Karte	Nro.	Summa totalis.		Hohe Hütung. Summa der hohen Hütung.		Hohe Hütung. Bonität.
Littr.		M.	R.	M.	R.	
In Ba I.	Nro. 3.					
— Ba II.	— 11. (in d. Wiese)					
	Summa					
In Bb I.	Nro. 5.					
— —	— 5 — 6.					
— —	— 5 — 12.					
	Summa					
	u. s. w.					
	Recapitulation.					
In Ba						
— Bb						
— Bc						
	Sum. d. Wd. im Acker					

Grundstücke.

und in den Wiesen.

	Niedre Hütung.			Weide-Ertrag in kl. Vieh	Bemerkungen.
	Summa der niedern Hütung.		Bonität.		
	M.	R.		Stück.	

2) Außen.

Der Karte	Benennung der Theile.	Summa totalis		Bonität
Litt. u Nro.		M.	R.	
	a. Niedre Hütung oder Brücher.			
F 1.				
– 2.				
	Summa			
	b. Torfmoore.			
G 1.				
	c. Hohe Hütung.			
H 1.				
– 2.				
– 3.				
– 4.				
– 5.				
– 6.				
	Summa			
	Recapitulation smtl. Weide.			
	1) die Holzung betrug			
	2) — Elsbrücher im Acker			
	3) — hohe Weide im Acker			
	4) — niedre Weide im Acker			
	5) — Bruchhütung			
	6) — Torfmoore			
	7) — hohe Weide			
	Summa sämmtlicher Weide			

Weiden.

der Weide in Kuhweiden.	Weide = Ertrag in	Bemerkungen.
	fl. Vieh.	
	}	

III. Unnutzbare Grundstücke.

Benennung der Theile	Sum. totalis		Wege und Straße		Gewässer		Sandschellen, Lehm- u. Mergelgruben		Bemerkungen.
	M.	R.	M.	R.	M.	R.	M.	R.	
Anm. Es folgen sich die einzelnen Theile der unnutzbaren Grundstücke folgendergestalt: 1) Wege und Straßen. 2) Gewässer. a. Seen. b. Teiche. c. Flüsse und Ströme. d. Bäche. e. (nasse) Graben. f. trockne Graben. g. Pfühle. 3) Sand. a. Dünen. b. Sandschellen. c. Lehmgruben. d. Mergelgruben. u. s. w.									

General = Recapitulation.

Der Karte vom Jahre n. n.	Benennungen der Theile.	Flächen-Inhalt		Bemerkungen
Littr.		M.	R.	
	Die Feldmark N. N. enthält:			
	1) Hof= und Baustellen.			
	2) Gärten			
	3) Wurthland.			
	4) Acker.			
	5) Wiesen.			
	6) Rohranwüchse.			
	7) Hohe Holzung.			
	8) Niedre Holzung.			
	9) Elsbrücher im Acker.			
	10) Weide im Acker.			
	11) Niedre Hütung.			
	12) Torfmoore.			
	13) Hohe Hütung.			
	14) Unbrauchbare Grundstücke.			
	Summa totalis			

Dem Register folgen nun die Extrakte der privativen Grundstücke, und es ist die Rubricirung derselben eben so, wie die des Registers. — Die Hauptsummen an Gärten, Wurthen, Acker und Wiesen, müssen mit denen des Registers stimmen.

Tabelle
über den Heu Ertrag der Wiesen.

Pro beträgt auf 1 Ruthe. Ctr.	dieß multiplizirt mit 2 beträgt	3	4	5	6	7	8	9
0,00277	0,00554	0,00831	0,01108	0,01385	0,01662	0,01939	0,02216	0,02493
0,00555	0,01110	0,01665	0,02220	0,02775	0,03330	0,03885	0,04440	0,04995
0,00833	0,01666	0,02499	0,03332	0,04165	0,04998	0,05831	0,06664	0,07497
0,0111	0,0222	0,0333	0,0444	0,0555	0,0666	0,0777	0,0888	0,0999
0,0139	0,0278	0,0417	0,0556	0,0695	0,0834	0,0973	0,1112	0,1251
0,0167	0,0334	0,0501	0,0668	0,0835	0,1002	0,1169	0,1336	0,1503
0,0195	0,0390	0,0585	0,0780	0,0975	0,1170	0,1365	0,1560	0,1755
0,0222	0,0444	0,0666	0,0888	0,1110	0,1332	0,1554	0,1776	0,1998
0,025	0,050	0,075	0,100	0,125	0,150	0,175	0,200	0,225
0,0278	0,0556	0,0834	0,1112	0,1390	0,1668	0,1946	0,2224	0,2502
0.0306	0,0612	0,0918	0,1224	0,1530	0,1836	0,2142	0,2448	0,2754
0,0334	0,0668	0,1002	0,1336	0,1670	0,2004	0,2338	0,2672	0,3006
0,0361	0,0722	0,1083	0,1444	0,1805	0,2166	0,2527	0,2888	0,3249
0,0389	0,0778	0,1167	0,1556	0,1945	0,2334	0,2723	0,3112	0,3501
0,0417	0,0834	0,1251	0,1668	0,2085	0,2502	0,2919	0,3336	0,3753
0,0444	0,0888	0,1332	0,1776	0,2220	0,2664	0,3108	0,3552	0,3996
0,0472	0,0944	0,1416	0,1888	0,2360	1,2832	0,3304	0,3776	0,4248
0,05	0,10	0,15	0,20	0,25	0,30	0,35	0,40	0,45
0,0528	0,1056	0,1584	0,2112	0,2640	0,3168	0,3696	0,4224	0,4752
0,0556	0,1112	0,1668	0,2224	0,2780	0,3336	0,3892	0,4448	0,5004
0,0583	0,1166	0,1749	0,2332	0,2915	0,3498	0,4081	0,4664	0,5247
0,0611	0,1222	0,1833	0,2444	0,3055	0,3666	0,4277	0,4888	0,5499
0,0639	0,1278	0,1917	0,2556	0,3195	0,3834	0,4473	0,5112	0,5751
0,0667	0,1334	0,2001	0,2668	0,3335	0,4002	0,4669	0,5336	0,6003
0,06945	0,13890	0,20835	2,27780	0,34725	0,41670	0,48615	0,55560	0,62505
0,0722	0,1444	0,2166	0,2888	0,3610	0,4332	0,5054	0,5776	0,5498
0,075	0,150	0,225	0,300	0,375	0,450	0,525	0,600	0,675
0,0778	0,1556	0,2334	0,3112	0,3890	0,4668	0,5446	0,6224	0,7002
0,0806	0,1612	0,2418	0,3224	0,4030	0,4836	0,5642	0,6448	0,7254
0,0833	0,1666	0,2499	0,3332	0,4165	0,4998	0,5831	0,6664	0,7497
0,0861	0,1722	0,2583	0,3444	0,4305	0,5166	0,6027	0,6888	0,7749
0,0889	0,1778	0,2667	0,3556	0,4445	0,5334	0,6223	0,7112	0,8001
0,0917	0,1834	0,2751	0,3668	0,4585	0,5502	0,6419	0,7336	0,8253
0,0944	0,1888	0,2832	0,3776	0,4720	0,5664	0,6608	0,7552	0,8496
0,0972	0,1944	0,2916	0,3888	0,4860	0,5832	0,6804	0,7776	0,8748
0,1	0,2	0,3	0,4	0,5	0,6	0,7	0,8	0,9
0,1027	0,2054	0,3081	0,4108	0,5135	0,6112	0,7189	0,8216	0,9243
0,1056	0,2112	0,3168	0,4224	0,5280	0,6336	0,7392	0,8448	0,9504
0,1083	0,2166	0,3249	0,4332	0,5415	0,6498	0,7581	0,8664	0,9747
0,1111	0,2222	0,3333	0,4444	0,5555	0,6666	0,7777	0,8888	0,9999

Tabelle

über den Weide Ertrag der Hütungen (in kl. Vieh).

Pro ein Haupt = Groß = Vieh = 10 Stück kl. Vieh.

Morgen.	beträgt auf 1 Ruthe. kl. Vieh.	dieß multiplizirt mit 2	3	4	5	6	7	8	9
		beträgt.							
½	0,1111	0,2222	0,3333	0,4444	0,5555	0,6666	0,7777	0,8888	0,9999
1	0,0555	0,1110	0,1665	0,2220	0,2775	0,3330	0,3885	0,4440	0,4995
1½	0,037	0,074	0,111	0,148	0,185	0,222	0,259	0,296	0,333
2	0,0278	0,0556	0,0834	0,1112	0,1390	0,1668	0,1946	0,2224	0,2502
2½	0,0222	0,0444	0,0666	0,0888	0,1110	0,1332	0,1554	0,1776	0,1998
3	0,0185	0,0370	0,0555	0,0740	0,0925	0,1110	0,1295	0,1480	0,1665
3½	0,01586	0,03172	0,04758	0,06344	0,07930	0,09516	0,11102	0,12688	0,1427
4	0,0139	0,0278	0,0417	0,0556	0,0695	0,0834	0,0973	0,1112	0,1251
4½	0,01234	0,02468	0,03702	0,04936	0,06170	0,07404	0,08638	0,09872	0,1110
5	0,01111	0,02222	0,03333	0,04444	0,05555	0,06666	0,07777	0,08888	0,0999
5½	0,0101	0,0202	0,0303	0,0404	0,0505	0,0606	0,0707	0,0808	0,0909
6	0,00926	0,01852	0,02778	0,03704	0,04630	0,05556	0,06482	0,07408	0,0833
6½	0,00854	0,01708	0,02562	0,03416	0,04270	0,05124	0,05978	0,06832	0,0768
7	0,00793	0,01586	0,02379	0,03172	0,03965	0,04758	0,05551	0,06344	0,0713
7½	0,00741	0,01482	0,02223	0,02964	0,03705	0,04446	0,05187	0,05928	0,0666
8	0,00694	0,01388	0,02082	0,02776	0,03470	0,04164	0,04858	0,05552	0,0624
8½	0,00653	0,01306	0,1959	0,02612	0,03265	0,03918	0,04571	0,05224	0,0587
9	0,00617	0,01234	0,01851	0,02468	0,03085	0,03702	0,04319	0,04936	0,0555
9½	0,00585	0,01170	0,01755	0,02340	0,02925	0,03510	0,04095	0,04680	0,0526
10	0,00555	0,01110	0,01665	0,02220	0,02775	0,03330	0,03885	0,04440	0,0499
10½	0,00529	0,01058	0,01587	0,02116	0,02645	0,03174	0,03703	0,04232	0,0476
11	0,00505	0,01010	0,01515	0,02020	0,02525	0,03030	0,03535	0,04040	0,0454
11½	0,00483	0,00966	0,01449	0,01932	0,02415	0,02898	0,03381	0,03864	0,0434
12	0,00463	0,00926	0,01389	0,01852	0,02315	0,02778	0,03241	0,03704	0,0416
12½	0,00444	0,00888	0,01332	0,01776	0,02220	0,02664	0,03108	0,02552	0,0399
13	0,00427	0,00854	0,01281	0,01708	0,02135	0,02562	0,02989	0,03416	0,0384
13½	0,00411	0,00822	0,01233	0,01644	0,02055	0,02466	0,02877	0,03288	0,0369
14	0,00396	0,00792	0,01188	0,01584	0,01980	0,02376	0,02772	0,03168	0,0356
14½	0,00383	0,00766	0,01149	0,01532	0,01915	0,02298	0,02681	0,03064	0,0344
15	0,0037	0,0074	0,0111	0,0148	0,0185	0,0222	0,0259	0,0296	0,0333
15½	0,00358	0,00716	0,01074	0,01432	0,01790	0,02148	0,02506	0,02864	0,032
16	0,00347	0,00694	0,01041	0,01388	0,01735	0,02082	0,02429	0,02776	0,031
16½	0,00337	0,00674	0,01011	0,01348	0,01685	0,02022	0,02359	0,02696	0,030
17	0,00327	0,00654	0,00981	0,01308	0,01635	0,01962	0,02289	0,02616	0,029
17½	0,00317	0,00634	0,00951	0,01268	0,01585	0,01902	0,02219	0,02536	0,028
18	0,00308	0,00616	0,00924	0,01232	0,01540	0,01848	0,02156	0,02464	0,027
18½	0,003	0,006	0,009	0,012	0,015	0,018	0,021	0,024	0,027
19	0,00292	0,00584	0,00876	0,01168	0,01460	0,01752	0,02044	0,02336	0,026
19½	0,00284	0,00568	0,00852	0,01136	0,01420	0,01704	0,01988	0,02272	0,025
20	0,00277	0,00554	0,00831	0,01108	0,01385	0,01662	0,01939	0,02216	0,024
21	0,00265	0,00530	0,00795	0,01060	0,01325	0,01590	0,01855	0,02120	0,023
22	0,00252	0,00504	0,00756	0,01008	0,01260	0,01512	0,01764	0,02016	0,022
23	0,00242	0,00484	0,00726	0,00968	0,01210	0,01452	0,01694	0,01936	0,021
24	0,00231	0,00462	0,00693	0,00924	0,01155	0,01386	0,01617	0,01848	0,020
25	0,00222	0,00444	0,00666	0,00888	0,01110	0,01332	0,01554	0,01776	0,019
26	0,00213	0,00426	0,00639	0,00852	0,01065	0,01278	0,01491	0,01704	0,019
27	0,00206	0,00412	0,00618	0,00824	0,01030	0,01236	0,01442	0,01648	0,018
28	0,00198	0,00396	0,00594	0,00792	0,00990	0,01188	0,01386	0,01584	0,017
29	0,00191	0,00382	0,00573	0,00764	0,00955	0,01146	0,01337	0,01528	0,017
30	0,00185	0,00370	0,00555	0,00740	0,00925	0,01110	0,01295	0,01480	0,016
31	0,00179	0,00358	0,00537	0,00716	0,00895	0,01074	0,01253	0,01432	0,016
32	0,00173	0,00346	0,00519	0,00692	0,00865	0,01038	0,01211	0,01384	0,015
33	0,00168	0,00336	0,00504	0,00672	0,00840	0,01008	0,01176	0,01344	0,015
34	0,00163	0,00326	0,00489	0,00652	0,00815	0,00978	0,01141	0,01304	0,014
35	0,00158	0,00316	0,00474	0,00632	0,00790	0,00948	0,01106	0,01264	0,014
36	0,00154	0,00308	0,00462	0,00616	0,00770	0,00924	0,01078	0,01232	0,013
37	0,0015	0,0030	0,0045	0,0060	0,0075	0,0090	0,0105	0,0120	0,013
38	0,00146	0,00292	0,00438	0,00584	0,00730	0,00876	0,01022	0,01168	0,013
39	0,00142	0,00284	0,00426	0,00568	0,00710	0,00852	0,00994	0,01136	0,012
40	0,00138	0,00276	0,00414	0,00552	0,00690	0,00828	0,00966	0,01104	0,012

1te Classe
2te Classe
3te Classe
Weizland
Weizland
Gerstland
4te Classe
5te Classe
6te Classe
Gerstland
Haferland
Haferland
7te Classe
8te Classe
9te Classe
3 jahrig Roggenland
6 jahr. Roggenl.
Nord

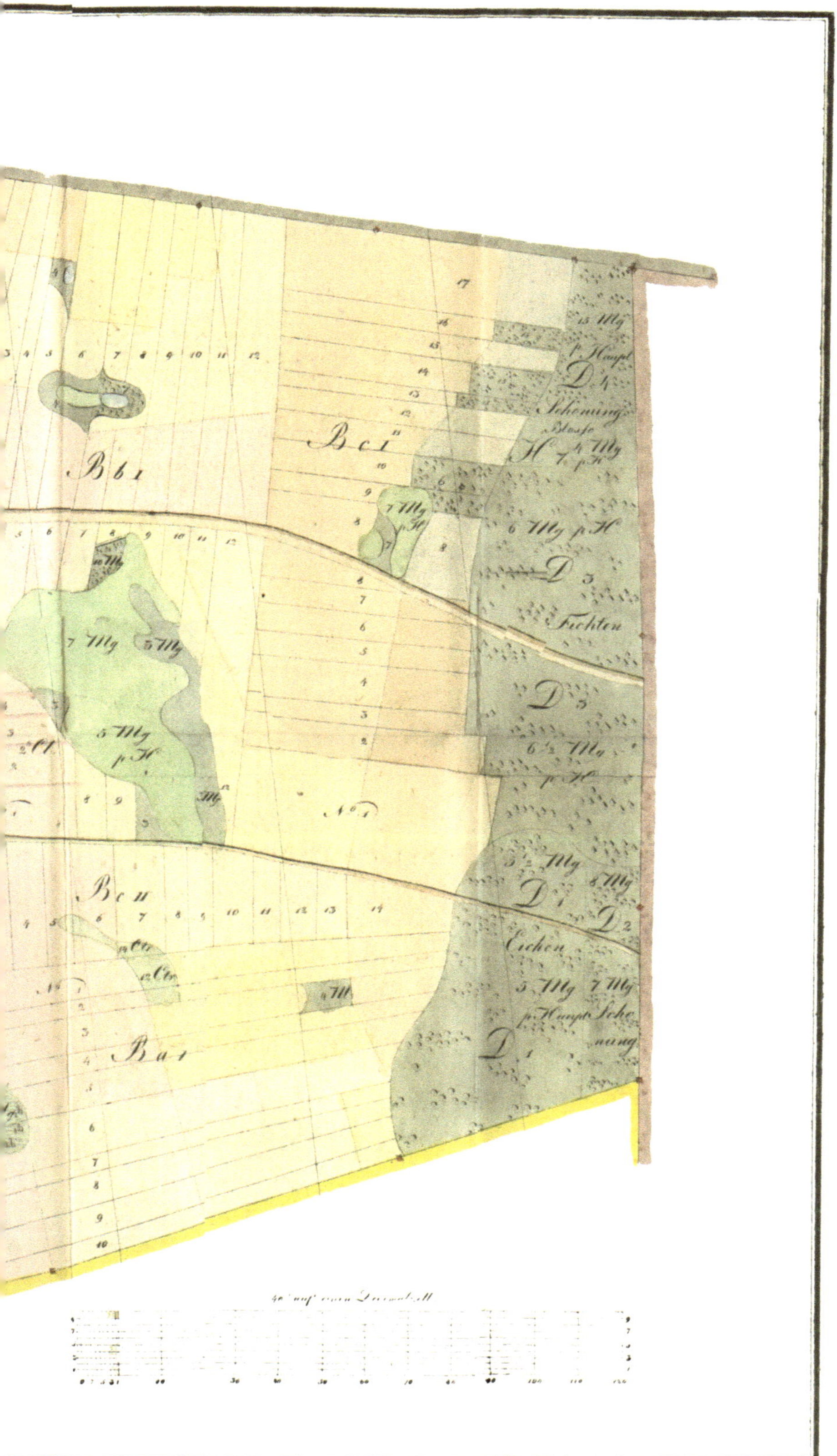
Bb1
Bc1
Ba1
Fichten
Eichen
Schonung

Bei Fragen zur Produktsicherheit wenden Sie sich bitte an:
If you have any questions regarding product safety,
please contact:

Walter de Gruyter GmbH
Genthiner Straße 13
10785 Berlin
productsafety@degruyterbrill.com